计算机类本科教材

Web 前端
实用技术示例教程

/ 廖雪花　　朱洲森 / 编著

U0303905

电子工业出版社

Publishing House of Electronics Industry

北京 · BEIJING

内 容 简 介

本书以问答的方式介绍 Web 前端的相关知识，分为初级篇、进阶篇、高级篇、框架篇；内容包括 JavaScript、HTML、CSS 的基础知识，边框效果、背景效果、形状效果、阴影效果、动画效果，文本、字体技术，选择器、定时器，canvas 绘图，定位，图片、背景美化，ES6 框架、Bootstrap 框架、React 框架。

本书可作为高等学校计算机科学与技术、软件工程和网络工程等专业 Web 前端课程的教材，也可供相关人员参考。

未经许可，不得以任何方式复制或抄袭本书之部分或全部内容。

版权所有，侵权必究。

图书在版编目（CIP）数据

Web 前端实用技术示例教程/廖雪花，朱洲森编著. —北京：电子工业出版社，2022.1

ISBN 978-7-121-36463-1

Ⅰ. ①W… Ⅱ. ①廖… ②朱… Ⅲ. ①网页制作工具－高等学校－教材 Ⅳ. ①TP393.092.2

中国版本图书馆 CIP 数据核字（2021）第 260407 号

责任编辑：张　鑫

印　　刷：大厂回族自治县聚鑫印刷有限责任公司
装　　订：大厂回族自治县聚鑫印刷有限责任公司
出版发行：电子工业出版社
　　　　　北京市海淀区万寿路 173 信箱　邮编：100036
开　　本：787×1 092　1/16　印张：20.25　字数：596 千字
版　　次：2022 年 1 月第 1 版
印　　次：2023 年 1 月第 3 次印刷
定　　价：69.00 元

凡所购买电子工业出版社图书有缺损问题，请向购买书店调换。若书店售缺，请与本社发行部联系，联系及邮购电话：(010) 88254888，88258888。

质量投诉请发邮件至 zlts@phei.com.cn，盗版侵权举报请发邮件至 dbqq@phei.com.cn。

本书咨询联系方式：zhangxinbook@126.com。

前　言

　　本书不是一本面面俱到、事无巨细的从零起步的典型前端技术教材，而是一本作者结合当代前端技术应用并在教学实践和实际开发过程中摸索出的以知识点和技术点为线索的体系化的实用技术案例教程。本书依据知识点的衔接关系和难易程度分为初级篇、进阶篇、高级篇和框架篇，其中框架篇可以理解为本书附录。

　　本书没有按照传统前端技术教材的分类方式（将 HTML+HTML5、CSS+CSS3、JavaScript 分开）介绍，而是在学习前端知识过程中将三者有机结合起来，以循序渐进的模式展开知识体系的学习和实战内容。一开始就引入 HTML5、CSS 和 JavaScript 的综合应用是已经被实践证明了的好的前端学习模式。为了方便读者学习与参阅，本书的节标题全部采用提问的方式。书中的许多知识点实用又新颖。对涉及的每个知识点或技术环节，本书采用了简洁、突出重点的案例模式编写，这些案例都经过了实际运行和验证。

　　前端技术的发展与信息技术的发展步伐一致，日新月异，但 HTML5 成型后相对固定。在 JavaScript 发展过程中，虽然 ES6+ 已经相当普及，但是传统 JavaScript 技术影响了前端开发人员的大部分日常工作。各类 JavaScript 技术及各类 JavaScript 库（如 JQuery、Angular、React、Vue 等）被广泛应用，各类框架层出不穷，使开发人员逐渐淡化了基础 JavaScript 的运用，这是不建议的。需要重点强调的是，CSS 新技术是前端技术发展的一大亮点，大部分 CSS 新技术都能用于实现炫酷的功能，而这些令人眼花缭乱的功能在过去被认为即使借助 JavaScript 来实现也是相对困难的，事实上，使用短短一段 CSS 代码就能优雅而完美地实现。因此，对真正好的前端技术 CSS，必须深入掌握和运用好。鉴于此，书中 CSS 的内容占有较多的篇幅。

　　目前，对框架和脚手架技术的过度使用，一些程序员慢慢忘记或忽略了前端技术的真正发展现状和内置的强大功能。现实开发过程中以下情况已经成为常态：为实现一个相关功能或模块，引用了厚重的整套框架，而对其技术实现环节却不予关注，造成的结果是技术实现跟着框架"走"，特性化的功能定制变得困难或以大迂回扭曲的方式实现。其实，这种功能也许就是一段简单的 CSS 代码结合少许的 JavaScript 代码就可以优雅地完成，定制化或个性化的改变也相对更加容易且"随心所欲"。有些程序员的出发点就是以框架或脚手架的模式为自己的风格，不考虑应用本该具有的特征，他们开发出来的产品在表现形式上千篇一律，缺少灵动性。本书期望能在纠正这些问题方面尽到绵薄之力。

　　本书可作为高等学校计算机科学与技术、软件工程和网络工程等专业 Web 前端课程的教材，也可供相关人员参考。书中的许多新技术和知识点，对广大前端技术人员来说都是有益的借鉴。

本书由廖雪花、朱洲森共同编写完成。另外，赵倩、张子莹、刘旭参与了本书的资料整理、汇总和案例制作工作；杨婷、张秀娟、莫若玉、林露参与了"第四部分框架篇"的资料整理、案例制作工作；高佳宁、刘美、杨富钧、孙芊参与了"第一部分初级篇"的资料整理、案例制作工作。在此一并表示感谢。

由于作者水平有限，加之编写时间仓促，书中难免存在错误和疏漏之处，欢迎读者提出宝贵意见。

编　者
2021 年 11 月

目 录

第一部分 初级篇

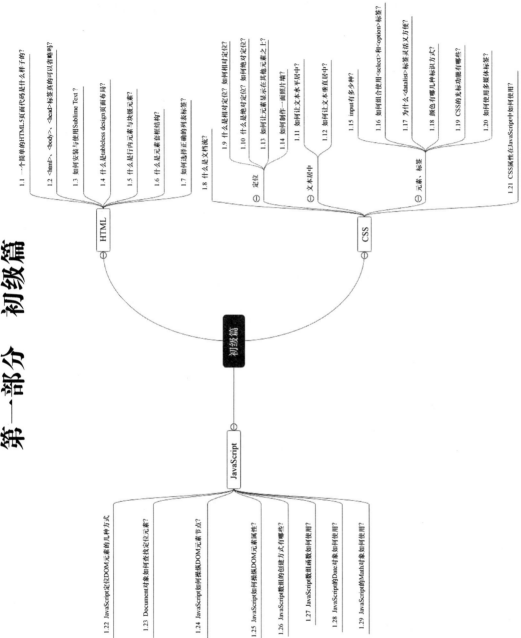

初级篇

HTML

1.1 一个简单的HTML5页面代码是什么样子的？
1.2 `<html>`、`<body>`、`<head>`标签真的可以省略吗？
1.3 如何安装与使用Sublime Text？
1.4 什么是tableless design页面布局？
1.5 什么是行内元素与块级元素？
1.6 什么是元素嵌套结构？
1.7 如何选择正确的列表标签？
1.8 什么是文档流？

定位
1.9 什么是相对定位？如何相对定位？
1.10 什么是绝对定位？如何绝对定位？
1.13 如何让元素显示在其他元素之上？
1.14 如何制作一面照片墙？

文本居中
1.11 如何让文本水平居中？
1.12 如何让文本垂直居中？

元素、标签
1.15 input有多少种？
1.16 如何组合使用`<select>`和`<option>`标签？
1.17 为什么`<datalist>`标签灵活又方便？
1.18 颜色有哪几种标识方式？
1.19 CSS的光标功能有哪些？
1.20 如何使用多媒体标签？
1.21 CSS属性在JavaScript中如何使用？

CSS

JavaScript

1.22 JavaScript定位DOM元素的几种方式
1.23 Document对象如何查找定位元素？
1.24 JavaScript如何操纵DOM元素节点？
1.25 JavaScript如何装扮DOM元素属性？
1.26 JavaScript数组的创建方式有哪些？
1.27 JavaScript数组函数如何使用？
1.28 JavaScript的Date对象如何使用？
1.29 JavaScript的Math对象如何使用？

1.1　一个简单的 HTML5 页面代码是什么样子的?

代码如下:

```
<!DOCTYPE html>
<html lang="en">
<head>
<meta charset="UTF-8">
<meta name="viewport" content="width=device-width, initial-scale=1.0">
<title>我是标题，在浏览器的 Tab 页眉显示</title>
</head>
<body>
我会显示在页面中
</body>
</html>
```

这就是一个最简单的 HTML5（简称 H5）页面，显然是一类标记语言类代码。浏览器解析效果如右图所示。

```
我会显示在页面中
```

用尖括号括起来的标记称为标签（tag）。一个标签大多由一对尖括号组成，前一个称为开标签，后一个有反斜杠的标签称为闭标签。

有些标签是不需要闭标签的，如<meta>标签。

一个页面代码可以分为以下三部分:

*<!DOCTYPE html> 指示该文档类型为一个 HTML 页面;

*<head>...</head> 一个页面的头部;

*<body>...</body> 一个页面的主体区域。

其中，head 区域的元素主要提供有关页面的元信息（meta-information）及引用等; body 区域提供页面的展现内容等。两者都会被浏览器解析。

1.2　<html>、<body>、<head>标签真的可以省略吗?

是的，可以。

H5 规范中说明<html>、<body>、<head>标签都是可以省略的。

下面通过一个实验来验证。

1. 未省略标签的代码

```
<!DOCTYPE html>
<html lang="en">
<head>
<meta charset="UTF-8">
<meta name="viewport" content="width=device-width, initial-scale=1.0">
<title>H5 基础 1</title>
</head>
```

```
<body>
<center>
<h1>我是第 1 号标题标签，默认字体大小不同</h1>
<h2>我是第 2 号标题标签，默认字体大小不同</h2>
<h3>我是第 3 号标题标签，默认字体大小不同</h3>
<h4>我是第 4 号标题标签，默认字体大小不同</h4>
<h5>我是第 5 号标题标签，默认字体大小不同</h5>
<h6>我是第 6 号标题标签，默认字体大小不同</h6>
</center>
</body>
</html>
```

浏览器解析效果如下图所示：

我是第1号标题标签，默认字体大小不同

我是第2号标题标签，默认字体大小不同

我是第3号标题标签，默认字体大小不同

我是第4号标题标签，默认字体大小不同

我是第5号标题标签，默认字体大小不同

我是第6号标题标签，默认字体大小不同

2．省略<html>、<body>、<head>标签的代码

```
<!DOCTYPE html>
<meta charset="UTF-8">
<meta name="viewport" content="width=device-width, initial-scale=1.0">
<title>H5 基础 1</title>
<center>
<h1>我是第 1 号标题标签，默认字体大小不同</h1>
<h2>我是第 2 号标题标签，默认字体大小不同</h2>
<h3>我是第 3 号标题标签，默认字体大小不同</h3>
<h4>我是第 4 号标题标签，默认字体大小不同</h4>
<h5>我是第 5 号标题标签，默认字体大小不同</h5>
<h6>我是第 6 号标题标签，默认字体大小不同</h6>
</center>
```

浏览器解析效果如下图所示：

我是第1号标题标签，默认字体大小不同

我是第2号标题标签，默认字体大小不同

我是第3号标题标签，默认字体大小不同

我是第4号标题标签，默认字体大小不同

我是第5号标题标签，默认字体大小不同

我是第6号标题标签，默认字体大小不同

由此可知，两者是完全一致的。

现在有一些说法强调代码设置放在页面 head 部分与 body 部分是不同的，如引入 CSS

文件的<link>标签需要放在 head 部分，而 JavaScript 代码放在 head 部分与 body 部分会有所不同等。既然<head>、<body>标签都是可以省略的，那这些说法应怎么遵循呢？

其实，在 H5 规范中上面说法都是不正确的。例如，JavaScript 代码放在页面的任何部分，其执行逻辑都是相同的，都是按照代码在页面中的顺序执行的，这个通过简单的测试就可以验证。而引入 CSS 文件的<link>标签放在 body 部分同样是可行的，读者可以自行测试。

注意

虽然<html>、<body>、<head>是可以省略的标签，但在实际开发过程中不建议省略这三个基本标签。因为它们可以将页面自然地分成头部区域和页面主题区域。而且建议将<link>标签、<meta>标签等元数据标签放在 head 部分。

<meta>标签提供了 HTML 文档的元数据。元数据不会显示在客户端，但是会被浏览器解析。

meta 元素通常用于指定网页的描述、关键词、文件的最后修改时间、作者及其他元数据。

元数据可以被浏览器（如何显示内容或重新加载页面）、搜索引擎（关键词）或其他 Web 服务调用。

1.3 如何安装与使用 Sublime Text?

Sublime Text 是一个简洁、高效、跨平台的编辑器，易扩展，并包含丰富的插件，可通过安装相关插件来提升工作效率，同时支持 Linux、macOS 和 Windows 等操作系统。

下载页面如下图所示：

用户根据自己的计算机系统选择相应版本下载。若是 Windows 64 位系统，则选择"Windows 64 bit"选项，需安装后使用。选择"portable version"选项，解压后可直接使用。

1.3.1 安装步骤

下载后，双击安装包 Sublime Text Build 3211 x64 Setup.exe，出现安装向导如后左图所示，单击"Browse"按钮选择安装位置，也可使用默认位置。

单击"Next"按钮，默认提示选择，进入安装向导如下右图所示，单击"Finish"按钮完成安装。

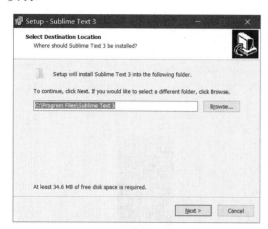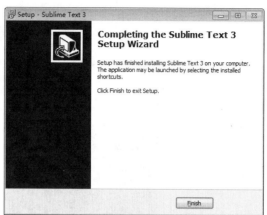

安装完成后，打开 Sublime 编辑工具，编写第一个程序，代码如下：

```html
<!DOCTYPE html>
<html lang="en">
<head>
<meta charset="UTF-8">
<meta name="viewport" content="width=device-width, initial-scale=1.0">
<title>Sublime 的第一个程序</title>
</head>
<body>
    <h1>Hello Sublime!</h1>
</body>
</html>
```

保存文件后，右击文件，弹出下拉菜单，选择"Open in browser"命令运行代码，效果如下图所示：

1.3.2 使用

Sublime Text 的强大源于各种功能的插件，下面介绍几种常用的插件。

1. Package Control 插件

Package Control 插件用于管理 Sublime Text 中的所有插件，可以方便地浏览、安装和卸载。启动软件，选择"Tools"→"Install Package Control"命令进行下载，完成后弹出提示信息如后图所示。

查看是否安装成功：选择"Preferences"命令，出现下图中所框选项即为安装成功。以下插件都在该插件的基础上进行下载安装。

2．Emmet 插件

Emmet 插件可用于快速编写 HTML、CSS 代码，是前端编辑神器，默认快捷键为 Tab。

安装方式：按 Ctrl+Shift+P 组合键打开命令板，输入"install"回车，选择"Package Control: Install Package"选项，等待下载，如下图所示：

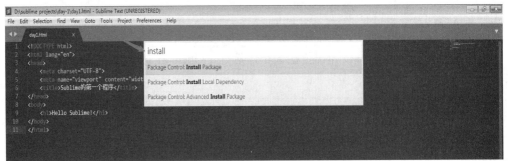

安装成功后会弹出新窗口，输入"Emmet"回车，选择第一个选项，如下图所示，等待插件安装；完成时提示信息"Emmet plugin installed"。

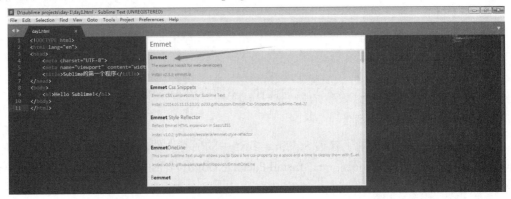

下面使用 Emmet 插件快速生成一个 HTML 页面，操作步骤如下。

步骤 1：在 Sublime 中新建一个 HTML 文档。

步骤 2：输入"!"回车，提示快捷内容，按 Tab 键快速生成一个无内容的 HTML 页面，如下图所示：

步骤 3：在代码编辑区中快速生成列表，可通过输入"ul#nav>li.item$*8>a{Item $}"命令后按 Tab 键快速生成，代码如下：

```html
<!DOCTYPE html>
<html lang="en">
<head>
<meta charset="UTF-8">
<meta name="viewport" content="width=device-width, initial-scale=1.0">
<title>Document</title>
</head>
<body>
<!-- ul#nav>li.item$*8>a{Item $} -->
<ul id="nav">
<li class="item1"><a href="">Item 1</a></li>
<li class="item2"><a href="">Item 2</a></li>
<li class="item3"><a href="">Item 3</a></li>
<li class="item4"><a href="">Item 4</a></li>
<li class="item5"><a href="">Item 5</a></li>
<li class="item6"><a href="">Item 6</a></li>
<li class="item7"><a href="">Item 7</a></li>
<li class="item8"><a href="">Item 8</a></li>
</ul>
</body>
</html>
```

使用 Emmet 插件能方便快捷地生成一个简单的 HTML 页面，由此可见该插件的重要性。

下面介绍 Emmet 插件中几种常用技巧。

（1）生成 HTML 文档初始结构

html:5 或!：生成 H5 结构。

html:xt：生成 HTML4 过渡型。

html:4s：生成 HTML4 严格型。

（2）生成带有 id、class 的 HTML 标签

Emmet 默认的标签为<div>，如果不给出标签名称，默认生成<div>标签。其中，id 属性使用 "#"，class 属性使用 "."，示例代码如下：

```
<body>
<!--输入 .aaa ，按 Tab 键自动生成下列代码-->
<div class="aaa"></div>
    <!-- 编写一个 class 为 bbb 的<span>标签，需要编写下面代码： span.bbb -->
<span class="bbb"></span>
<!-- 编写一个 id 为 ccc、class 为 ddd 的<ul>标签：ul#ccc.ddd -->
<ul id="ccc" class="ddd"></ul>
</body>
```

（3）生成后代标签：>

格式：标签 > 标签

示例代码如下：

```
<body>
<!-- 生成一个无序列表，且被包裹在 class 为 a 的<div>中，.a>ul>li.item*4 -->
    <div class="a">
<ul>
<li class="item"></li>
<li class="item"></li>
<li class="item"></li>
<li class="item"></li>
</ul>
</div>
</body>
```

（4）生成兄弟标签：+

格式：标签 + 标签

常用来设置同级标签，示例代码如下：

```
<body>
<!-- 同级标签：+，例如：div+p -->
    <div></div>
    <p></p>
</body>
```

（5）生成分组：()

用括号进行分组，可以更加明确要生成的结构，特别是层次关系，示例代码如下：

```
<body>
    <!-- 如：div>(header>ul>li*2>a)+footer>p -->
    <div>
        <header>
            <ul>
                <li><a href=""></a></li>
                <li><a href=""></a></li>
            </ul>
        </header>
        <footer>
            <p></p>
        </footer>
```

```
    </div>
  </body>
```

（6）生成自定义属性：[attr]

格式：（标签名）[属性]

定义标签中的属性，默认<div>标签，示例代码如下：

```
<body>
  <!-- 定义超链接属性: a[href="http://www.baidu.com" title="访问百度"]{百度} -->
  <a href="http://www.baidu.com" title="访问百度">百度</a>
  <!-- 定义 img 属性: img[width="100px"]-->
  <img src="" alt="" width="100px">
  <!-- 定义 div 属性: [style="margin:0px"] -->
  <div style="margin:0px"></div>
</body>
```

（7）生成内容编号：$

$表示一位数字，出现一个时，从 1 开始；出现多个时，从 0 开始。若要生成三位数的序号，则写三个$，示例代码如下：

```
<body>
<!-- 生成 class 从 item1-item5 的无序列表: ul>li.item$*3 -->
<ul>
<li class="item1"></li>
<li class="item2"></li>
<li class="item3"></li>
</ul>
<!-- 多个$,序号从 0 开始: ul>li.item$$*3 -->
<ul>
<li class="item01"></li>
<li class="item02"></li>
<li class="item03"></li>
</ul>
</body>
```

$默认正序排列，使用 @- 可以实现倒序排列，也可使用 @N 指定开始序号，示例代码如下：

```
<body>
<!-- 使用@-实现倒序排列，ul>ol.item$@-*3 -->
<ul>
<ol class="item3"></ol>
<ol class="item2"></ol>
<ol class="item1"></ol>
</ul>
<!-- 使用@N 指定开始序号，ul>ol.item$@5*3 -->
<ul>
<ol class="item5"></ol>
<ol class="item6"></ol>
<ol class="item7"></ol>
</ul>
</body>
```

注意

写指令时，不可加入空格，否则会导致代码不可用。

3．ConvertToUTF8 插件

插件功能：将非 UTF8 编码文件在 Sublime Text 中转换成 UTF8 编码形式，便于读写。保存文件时，不会改变原文件的编码格式。

安装方式：打开命令板（Ctrl+Shift+P），选择"Install Package"选项，在输入框中输入"convert"，选择 ConvertToUTF8 插件安装，如下图所示：

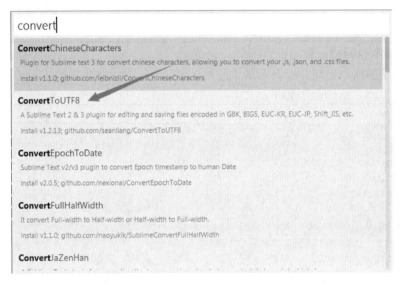

4．View in browser 插件

插件功能：通过快捷键运行 HTML 页面。

安装方式：打开命令板（Ctrl+Shift+P），选择"Install Package"选项，在输入框中输入"view"，选择 View in browser 插件安装。在"Preferences"→"Key Bindings"中添加代码，即可使用 Ctrl+Alt+V 组合键运行代码，增加的代码如下图所示：

5．Bracket Highlighter 插件

插件功能：可对[]、( )、{}等标签以高亮标记，便于查看起始位置。

安装方式：打开命令板（Ctrl+Shift+P），选择"Install Package"选项，在输入框中输入"Bracket Highlighter"，下载即可。

还有大量插件可在 packagecontrol 官网中查看。

1.4 什么是 tableless design 页面布局?

1.4.1 table 布局

借助<table>标签进行页面布局，这种方式对于初学者而言上手十分容易。

下面先了解<table>标签及基本使用。一个<table>标签页面编码可以分为以下三部分：

*<thead>...</thead> 表格的头部；

*<tbody>...</tbody> 表格的主体区域；

*<tfoot>...</tfoot> 表格的底部。

这三部分需要配合 <tr>、<td>、<th>标签使用。其中，<th>标签定义表头，<tr>标签定义一行，<td>标签定义一列，通过设置合适的行列数可形成表格，示例代码如下：

```
<table border="1" width="80%" height="100px" >
    <caption>表格的标题</caption>
    <thead>
        <tr>
            <th>表格的表头 1</th>
            <th>表格的表头 2</th>
            <th>表格的表头 3</th>
        </tr>
    </thead>
    <tbody>
        <tr align="center">
            <td>第一列</td>
            <td>第二列</td>
            <td>第三列</td>
        </tr>
    </tbody>
    <tfoot>
        <tr align="center">
            <td colspan="3">底部</td>
        </tr>
    </tfoot>
</table>
```

运行效果如下图所示：

表格的标题		
表格的表头1	**表格的表头2**	**表格的表头3**
第一列	第二列	第三列
底部		

table 表格利用<tr>、<td>标签可以将数据放在对应的位置。利用这种特性进行规划，可以方便地将设计的模块放在相应的格子，而不需要通过 position、float 等调整位置。

下面给出一个页面框架完整的例子，代码如下：

```html
<!DOCTYPE html>
<html lang="en">
<head>
    <meta charset="UTF-8">
    <meta name="viewport" content="width=device-width, initial-scale=1.0">
    <title>table 布局</title>
</head>
    <body marginwidth="0px" marginheight="0px">
        <table width="100%" height="650px">
            <tr>
                <td colspan="3" width="100%" height="10%" style="background-color:#17A2B8;color:white">
                    网页头部
                </td>
            </tr>
            <tr>
            <td width="20%" height="80%" style="background-color: #F8F9FB">菜单部分</td>

            <td width="60%" height="80%" style="background-color: #FFFFFF">主体内容</td>
            </tr>
            <tr>
                <td colspan="3" width="100%" height="10%" style="background-color: #eeeeee">网页底部</td>
            </tr>
        </table>
    </body>
    </html>
</body>
</html>
```

运行效果如下图所示：

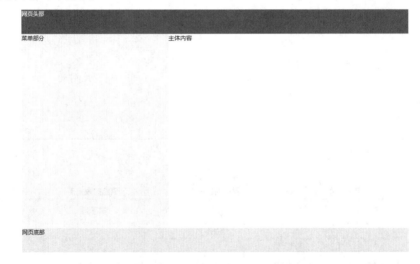

早期网页相对来说比较简单，类似于报纸，只有文字和静态图片，此时，table 布局可以较好地满足其需求。但是随着 W3C（万维网联盟）等标准的出现，以及现在网页的呈现

方式、布局、内容等变得多样化，例如，下面图片中，若用 table 布局则需要频繁嵌套，代码复杂且难以维护，类似这种情况使 table 布局变得越来越不适用，于是出现了 DIV+CSS 布局（也称 tableless design 布局）。而 table 现在只用来显示数据，基本没有应用到布局上。

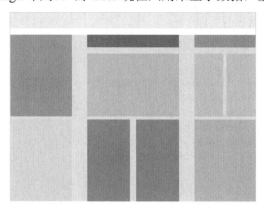

1.4.2 DIV+CSS 布局

对于 DIV+CSS 布局，标签中的样式和结构属性分开编写，通过一定语法将它们联系起来，浏览器通过解析 CSS 中的样式来决定 HTML 中的 DIV 如何在页面中显示。在这种布局中，DIV 承载的是布局结构，而 CSS 承载的是样式，也称之为 tableless design 布局。

上图中的 table 页面通过 DIV+CSS 布局的代码如下：

```
<!DOCTYPE html>
<html>
    <head lang="en">
        <head>
            <title>div+css 布局</title>
            <meta charset="utf-8">
            <meta name="viewport" content="width=device-width, initial-scale=1">
        </head>
        <style type="text/css">
            body{
                margin:0;
                padding:0;
            }
            .container{
                width:100%;
                height:650px;
                background-color: aqua
            }
            .heading{
                width:100%;
                height:10%;
                background-color: #7952B3;
                color:white
            }
            .menu{
                width:20%;
                height:80%;
```

```
            background-color: #F8F9FB;
            float:left;
        }
        .body{
            width:80%;
            height:80%;
            background-color: #FFFFFF;
            float:left;
        }
        .footer{
            width:100%;
            height:10%;
            background-color:#eeeeee;
            clear: both;
        }
    </style>
</head>
<body>
    <div class = "container">
        <div class = "heading">网页头部</div>
        <div class = "menu">菜单部分</div>
        <div class = "body">主体内容</div>
        <div class = "footer">网页底部</div>
    </div>
</body>
</html>
```

DIV + CSS 布局是指通过 CSS 控制 div 的布局实现布局和样式的分离。其实这里的 div 是一种统称，实际应用的不仅是<div>，还有<h1>、<span>等标签，这些标签的定位和样式都可以通过 CSS 来控制。

上面两种布局对比如下。

（1）table 布局

优点：布局方便，容易上手，兼容性好。

缺点：改动不便，需重新调整时工作量大。

目前已被逐步淘汰。

（2）DIV+CSS 布局

优点：布局灵活，改动方便，内容和样式分离，便于维护扩展。

缺点：需考虑平台的兼容性。

已成为主流布局模式。

1.5　什么是行内元素与块级元素？

HTML 将元素分为行内元素和块级元素。

行内元素：只占据它对应标签的边框所包含空间的元素。

块级元素：占据其父元素（容器）的整个空间的元素。

对比如下图所示：

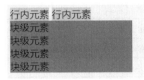

行内元素和块级元素的区别如下。

（1）内容上

行内元素只能包含数据和其他行内元素；块级元素则可以包含数据、行内元素和其他块级元素。

（2）格式上

默认情况下，行内元素不会以新行开始，而是和其他元素在一行；块级元素会另起一行，多个块级元素写在一起时，默认排列方式为从上至下。

（3）属性上

行内元素的外边距 margin 只有左右边距可以调整，设置宽高无效；块级元素的内外边距 margin、padding 都可调整，设置宽高有效。

常见的行内元素如下表所示：

行内元素	描述	行内元素	描述
\<a>	锚元素，创建通向其他地址的超链接	\<kbd>	定义键盘文本
\<abbr>	缩写	\<label>	表格标签说明
\<acronym>	首字母缩写（H5 已弃用，可使用\<abbr>元素）	\<q>	短引用
\<b>	粗体（不推荐）	\<samp>	定义计算机代码输出
\<bdo>	bidi override，双向文本替代元素，改变文本的方向性	\<select>	提供选择菜单
\<big>	加大字体（H5 已废弃，应使用 CSS 属性实现）	\<small>	小字体文本，H5 中重新定义为注释和细则
\ 	换行	\<span>	常用内联容器，定义文本内区块
\<cite>	表示一个作品的引用	\<strike>	中画线（H5 已废弃，可使用\<del>元素代替）
\<code>	呈现一段计算机代码（若需要引用源码时）	\<strong>	粗体强调文本十分重要
\<dfn>	定义字段	\<sub>	下标
\<em>	强调，标记用户需要着重阅读的内容	\<sup>	上标
\<i>	斜体	\<textarea>	多行文本输入框
\<img>	图片	\<tt>	电传文本（H5 已废弃，可使用带有 CSS 的\<code>或\<span>代替）
\<input>	输入框	\<var>	定义变量

常见的块级元素如下表所示：

块级元素	描述
\<address>	联系方式
\<blockquote>	块引用元素，渲染时内容会有一定的缩进
\<canvas>	通过 JavaScript 绘制图形
\<div>	常用块级元素，在不使用 CSS 的情况下对其内容或布局没有任何影响

（续表）

块级元素	描述
<dl>	定义列表
<fieldset>	对表单中的控制元素分组
<form>	交互表单
<h1> <h2> <h3> <h4> <h5> <h6>	1~6 级标题
<hr>	水平分隔线
<noscript>	可选脚本内容（对于不支持 script 的浏览器显示此内容）
<ol>	有序列表
<p>	段落
<pre>	预定义格式文本
<table>	表格
<ul>	无序列表

行内元素和块级元素可以互相转换吗？

可以。有三种转换方式。

第一种转换方式：使用 display 属性能够将二者任意转换，示例代码如下：

```html
<!DOCTYPE html>
<html lang="en">
<head>
    <meta charset="UTF-8">
    <meta http-equiv="X-UA-Compatible" content="IE=edge">
    <meta name="viewport" content="width=device-width, initial-scale=1.0">
    <title>行内元素与块级元素</title>
    <style type="text/css">
        body {
            background-color: #eeeeee;
        }
        span {
            background-color: burlywood;
            /*块级元素*/
            display: block;
        }
        div {
            background-color: royalblue;
            width: 200px;
            display: inline;
        }
    </style>
</head>
<body>
    <span>行内元素</span>
    <span>行内元素</span>
    <div>块级元素</div>
    <div>块级元素</div>
```

```
    <div>块级元素</div>
    <div>块级元素</div>
</body>
</html>
```

运行效果如下图所示：

行内元素显示属性默认为 display:inline ，块级元素显示属性默认为 display:block。在本例中，将行内元素 <span> 转换为块级元素，将块级元素 <div> 转换为行内元素，这时原本 <span> 标签和 <div> 标签的属性就发生了变化。

实际应用中，使用更多的一种元素是行内块元素，即显示属性使用 display:inline-block 可将标签设置为行内块元素。

行内块元素兼具行内元素和块级元素的特性，但各有取舍，其特点有：

- 不自动换行；
- 内外边距都可调整且能够识别宽高；
- 默认排列方式为从左到右。

示例代码如下：

```html
<!DOCTYPE html>
<html lang="en">
<head>
    <meta charset="UTF-8">
    <meta http-equiv="X-UA-Compatible" content="IE=edge">
    <meta name="viewport" content="width=device-width, initial-scale=1.0">
    <title>行内块元素</title>
    <style type="text/css">
        div {
            background-color: lightseagreen;
            width: 200px;
            display: inline-block;
            margin: 20px 20px 30px 40px;
            padding: 20px 20px 30px 40px;
        }
    </style>
</head>
<body>
    <div>行内块元素</div>
    <div>行内块元素</div>
</body>
</html>
```

运行效果如下图所示：

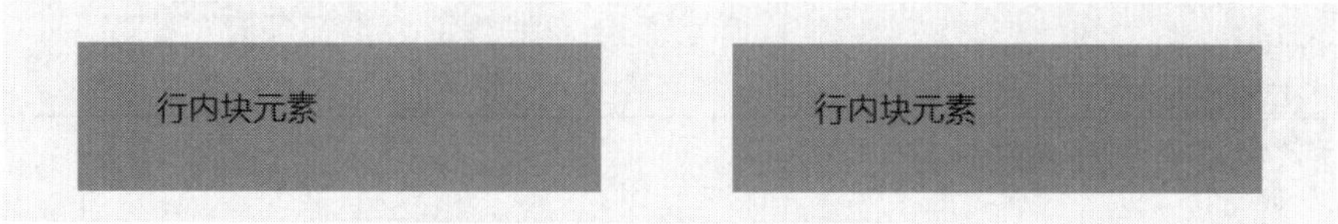

第二种转换方式：使用 float。

当把行内元素显示属性设置为 float : left / right 后，行内元素的 display 属性就被赋予了 block 值，同时具有浮动特性。此外，利用 float 还去除了多个行内元素之间的空白。示例代码如下：

```html
<!DOCTYPE html>
<html lang="en">
<head>
    <meta charset="UTF-8">
    <meta http-equiv="X-UA-Compatible" content="IE=edge">
    <meta name="viewport" content="width=device-width, initial-scale=1.0">
    <title>行内元素转块级元素</title>
    <style type="text/css">
        span{
            float: left;
            background-color: lightseagreen;
            padding: 10px;
        }
    </style>
</head>
<body>
    <span>行内元素用 float 转块级元素</span>
    <span>行内元素用 float 转块级元素</span>
    <span>行内元素用 float 转块级元素</span>
</body>
</html>
```

转换前运行效果如下图所示：

转换后运行效果如下图所示：

第三种转换方式：使用 position。

当为行内元素定位时，设置属性 position : absolute 或 position : fixed 都会使得原先的行内元素变为块级元素。示例代码如下：

```html
<!DOCTYPE html>
<html lang="en">
<head>
    <meta charset="UTF-8">
    <meta http-equiv="X-UA-Compatible" content="IE=edge">
    <meta name="viewport" content="width=device-width, initial-scale=1.0">
```

```
        <title>行内元素/块级元素转换</title>
        <style type="text/css">
            span{
                position: absolute;
                background-color: lightseagreen;
                padding: 20px;
                margin: 10px 20px 30px 40px ;
            }
        </style>
    </head>
    <body>
        <span>行内元素用 position 转块级元素</span>
    </body>
    </html>
```

转换前运行效果如下图所示：

行内元素用position转块级元素

转换后运行效果如下图所示：

行内元素用position转块级元素

> **注意**
>
> 后两种转换方式其实是 float 和 position 属性附带的效果。虽然可以为行内元素设置内外边距和宽高，但是它们本身的效果会干扰布局，实际布局中如何使用行内元素和块级元素需要根据具体情况选择。

1.6　什么是元素套框结构?

HTML 元素的套框结构就是盒子模型。

在 CSS 中，"Box Model"这一术语是设计和布局时使用的，所有 HTML 元素都可以看成盒子。网页设计中常用的属性：内容（content）、内边距（padding）、边框（border）、外边距（margin），CSS 盒子模型都具备这些属性。

盒子模型（Box Model）的结构如右图所示。

1. margin（外边距）

margin 位于盒子的最外围，是围绕在边框外的空间，使盒子不会紧凑地连接在一起。margin 既可以单独改变元素的上、下、左、右外边距，即 margin-top、margin-bottom、margin-left和 margin-right 属性，也可以单独使用 margin 属性一次性改变所有外边距。

示例代码如下：

```
margin:10px 5px 15px 20px;   //上边距是 10px,右边距是 5px,下边距是 15px,左边距是 20px
margin:10px;   //上下左右四个边距都是 10px
margin:10px 5px;   //上边距和下边距是 10px,右边距和左边距是 5px
margin:10px 5px 15px;   //上边距是 10px,右边距和左边距是 5px,下边距是 15px
margin-left:2px;   //左边距为 2px
margin-bottom:2px;   //下边距为 2px
```

2. border（边框）

边框是围绕在内边距和内容区外的边界。边框的属性有 border-style、border-width 和 border-color，以及综合以上三类属性的边框属性 border。

border-style 属性是边框最重要的属性，如果没有指定边框样式，边框将不存在。CSS 规定了以下 4 种边框样式。

- none：默认无边框。
- dotted：点线边框。
- dashed：虚线边框。
- solid：实线边框。

border-width 属性可以指定边框的宽度，border-color 属性可以为边框指定相应的颜色。在设定以上三种边框属性时，既可以进行边框 4 个方向整体设置，也可以进行 4 个方向的单独设置，如 border: 2px solid green 或 border-top-style : solid。

示例代码如下：

```
border-style:dotted solid double dashed;   //上边框是 dotted,右边框是 solid,底
边框是 double,左边框是 dashed
border-style:dotted solid double;   //上边框是 dotted,左、右边框是 solid,底边
框是 double
border-style:dotted solid;   //上、底边框是 dotted,右、左边框是 solid
border-style:dotted;   //四个边框都是 dotted
<!DOCTYPE html>
<html>
<head>
<meta charset="utf-8">
<title>border</title>
<style>
    p.dashed {border-style:dashed;border-width:2px;border-color:#cccccc}
    p.solid {border-style:solid;border-width:5px;border-color:red}
    p.inset {border-style:inset;border-width:3px;border-color:rgb(13,77,42)}
</style>
</head>
<body>
    <p class="dashed">虚线边框,边框宽度为 2px,边框颜色为灰色。</p>
    <p class="solid">实线边框,边框宽度为 5px,边框颜色为红色。</p>
    <p class="inset">嵌入边框,边框宽度为 3px,边框颜色为 rgb(13,77,42)。</p>
</body>
</html>
```

运行效果如下图所示：

虚线边框，边框宽度为2px，边框颜色为灰色。

实线边框，边框宽度为5px，边框颜色为红色。

嵌入边框，边框宽度为3px，边框颜色为rgb(13,77,42)。

3．padding（内边距）

内边距（也称为填充）是内容区和边框之间的空间，是透明的。当元素的 padding 被清除时，所释放的区域将会得到元素背景颜色的填充。padding 既可以单独改变元素的上、下、左、右外边距，即 padding-top、padding-bottom、padding-left、padding-right，也可以使用 padding 属性一次性改变所有的内边距。

示例代码如下：

```
padding:25px 50px 75px 100px;  //上填充为 25px，右填充为 50px，下填充为 75px，左填充为 100px
padding:25px 50px 75px;  //上填充为 25px，左、右填充为 50px，下填充为 75px
padding:25px 50px;  //上、下填充为 25px，左、右填充为 50px
padding:25px;  //所有填充都是 25px
```

4．content（内容区）

内容区是盒子模型的中心，它呈现了盒子的主要信息内容，这些内容可以是文本、图片等多种类型。内容区有三个属性：width、height 和 overflow。使用 width 和 height 属性可以指定盒子内容区的高度和宽度。当内容信息太多，超出内容区所占范围时，可以使用 overflow 溢出属性来指定处理方法。当 overflow 属性值为 hidden 时，溢出部分将不可见；当为 visible 时，溢出的内容信息可见，只是被呈现在盒子的外部；当为 scroll 时，滚动条将被自动添加到盒子中，用户可以通过拉动滚动条显示内容信息；当为 auto 时，将由浏览器决定如何处理溢出部分。

下面用一个简单的例子展示元素的套框结构，代码如下：

```
<!DOCTYPE html>
<html lang="en">
    <head>
        <meta charset="utf-8">
        <style>
            div {
                background-color: lightgrey;
                width: 300px;
                border: 3px solid red;
                padding: 30px;
                margin: 30px;
            }
        </style>
    </head>
    <body>
        <div>这里是盒子内的实际内容。有 30px 内间距、30px 外间距，边框宽度为 3px，边框颜色为红色，边框样式为实线。
        </div>
    </body>
</html>
```

运行效果如下图所示：

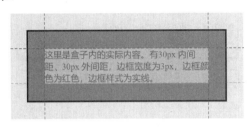

1.7　如何选择正确的列表标签？

HTML 支持有序、无序和定义三种列表标签。在不同的需求下，需要用到不同的列表标签，如何选择使用正确的列表标签呢？下面详细介绍。

1.7.1　无序列表

无序列表也称为项目列表，是一个没有特定顺序的列表。在无序列表中，各个列表之间没有特定的先后顺序。无序列表由 <ul> 标签开始，其中每个列表项开始于 <li>标签。

示例代码如下：

```
<ul>
<li>apple</li>
<li>banana</li>
</ul>
```

运行效果如下图所示：

```
• apple
• banana
```

如上图所示，各个项目之间用一个小圆点来进行项目标记。也可以更改小圆点的样式。

可以采用 list-style-type 属性设置列表项类型，常用值有 disc（圆圈）、circle（实心圆）、square（实心方块）。默认情况下为圆圈样式。

1．circle 样式

示例代码如下：

```
<style>
  ul{
    list-style-type: circle;
  }
</style>
```

运行效果如下图所示：

```
○ apple
○ banana
```

2. square 样式

示例代码如下：

```
<style>
    ul{
        list-style-type: square;
    }
</style>
```

运行效果如下图所示：

```
■ apple
■ banana
```

若要去掉无序列表前默认的小圆点，可以采取以下两种方式。

① 在 CSS 中对<ul>标签设置 list-style-type：none。示例代码如下：

```
<style>
    ul{
        list-style-type: none;
    }
</style>
```

② 直接在 HTML 中修改<ul>标签样式。示例代码如下：

```
<ul type="none">
<li>apple</li>
<li>banana</li>
</ul>
```

运行效果如下图所示：

```
apple
banana
```

1.7.2　有序列表

有序列表和无序列表类似，有序列表用<ol>标签代替<ul>标签，以有序的序号作为项目符号。示例代码如下：

```
<ol>
    <li>apple</li>
    <li>banana</li>
</ol>
```

运行效果如下图所示：

```
1. apple
2. banana
```

与无序列表类似，有序列表也可以采用 list-style-type 属性设置列表项类型。常用值有 decimal（数字）、lower-roman（小写罗马数字）、upper-roman（大写罗马数字）、lower-latin（小写拉丁字母）和 upper-latin（大写拉丁字母）等。设置方式与无序列表相同。

1．lower-roman（小写罗马数字）

运行效果如下图所示：

```
i. apple
ii. banana
```

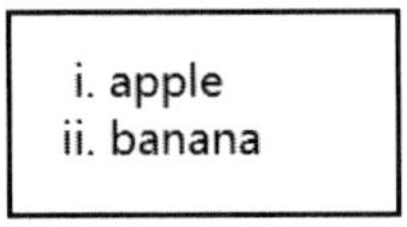

2．upper-roman（大写罗马数字）

运行效果如下图所示：

```
I. apple
II. banana
```

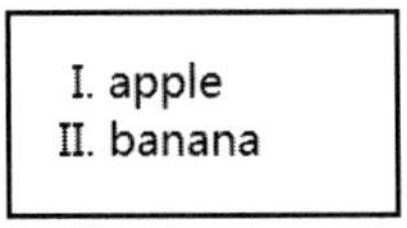

3．lower-latin（小写拉丁字母）

运行效果如下图所示：

```
a. apple
b. banana
```

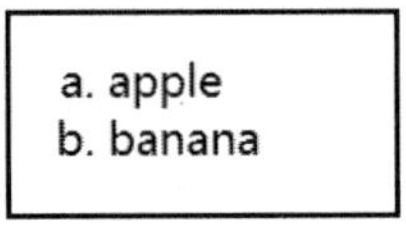

4．upper-latin（大写拉丁字母）

运行效果如下图所示：

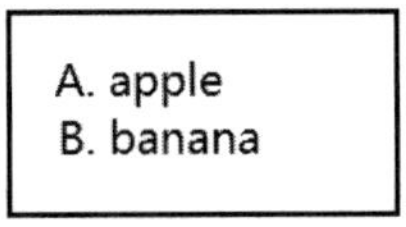

```
A. apple
B. banana
```

1.7.3　定义列表

<dl>标签定义一个列表，通常搭配<dt>和<dd>标签使用，由<dl>包裹<dt>和<dd>标签。<dt>标签定义项目，<dd>标签对项目进行描述，它们属于同级标签。在需要对定义的项目进行解释时，采用<dl>、<dt>和<dd>标签搭配使用比<ul>标签和<ol>标签更合适。

示例代码如下：

```html
<dl>
    <dt>标题：</dt>
    <dd>内容</dd>
    <dd>内容</dd>
</dl>
```

运行效果如下图所示：

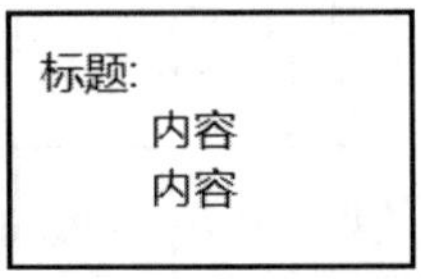

```
标题:
    内容
    内容
```

以上三种列表标签各有优点，在使用时可以根据实际需求选择不同的列表标签。

1.8　什么是文档流?

文档流（标准流）是指在元素布局时，元素会默认采用从左往右、从上往下的流式排列方式。

CSS 有三种基本的定位机制：标准流、浮动和定位。这三种机制的上下顺序如下：

标准流在最下面（海底）→浮动在中间（海面）→定位在最上面（天空）

1．标准流

标准流分为两种等级：行内元素和块级元素。行内元素默认从左到右，遇到阻碍或者宽度不够时自动换行，继续按照从左到右的方式布局；块级元素单独占据一行，并按照从上到下的方式布局。

2．浮动

浮动（float）属性指定一个元素是否应浮动，有下面几种属性值：

- left：元素向左侧浮动。
- right：元素向右侧浮动。
- none：默认值，元素不浮动，不经常使用。
- inherit：元素从父元素继承 float 属性的值。

在实际开发中，经常使用 float 属性来制作各种菜单栏，下面以制作一个首页菜单栏为例进行说明。

步骤 1：使用<ul>和<li>标签制作一个列表，示例代码如下：

```
<div class="header">
    <ul>
        <li>首页</li>
        <li>HTML</li>
        <li>CSS</li>
        <li>JavaScript</li>
        <li>客服</li>
    </ul>
</div>
*{
    padding: 0;
    margin: 0;
}
ul{
    margin: 20px auto;
    width: 800px;
    height: 50px;
}
li{
    width: 150px;
    height: 50px;
    line-height: 50px;
    text-align: center;
```

```
                    list-style: none;
                    color: dimgray;
                    background-color: orange;
             }
```

运行效果如下图所示：

步骤 2：给元素 li 添加浮动 float：left，运行效果如下图所示：

添加浮动后，所有的 li 都在一行显示。

步骤 3：给列表添加边框样式，得到常见的顶部栏，运行效果如下图所示：

 注意

一旦元素添加浮动后，就不再是标准流元素，而在上层显示，并且不占据原来位置。

3．定位

定位是将盒子"定"在某一个位置，自由地漂浮在其他盒子（普通流和浮动）上面。1.9 小节会对定位做详细说明。

思考一个问题，文档可以脱离文档流吗？

通过一定的方法，文档是可以脱离文档流的。文档一旦脱离文档流，在计算其父元素的高度时，就不包括其自身了。

脱离文档流有下面三种方法：

- 利用 float 使元素浮动起来脱离文档流；
- 利用绝对定位 position: absolute 使元素脱离文档流；
- 利用固定定位 position:fixed 使元素脱离文档流。

1.9 什么是相对定位？如何相对定位？

定位由两部分组成，即定位 = 定位模式 + 边偏移。其中，定位模式分为相对定位和绝对定位。边偏移通过 top、bottom、left 和 right 定义。

在 CSS 中，通过 position 属性定义元素的定位模式，相对定位的定位模式 position 属性值为 relative，绝对定位的定位模式 position 属性值为 absolute。本节介绍相对定位，1.10 节介绍绝对定位。

相对定位是指设置为相对定位的元素框会相对于自己原来的位置偏移某个距离。元素不会改变其形状，并且它原本所占的区域仍保留。

如果对一个元素进行相对定位，它将出现在它原来所在位置的上一层。然后，通过设置垂直或水平位置的边偏移，可以让该元素相对它的起点进行移动。

下面将对元素使用相对定位改变其位置，操作步骤如下。

步骤 1：设置定位前，代码如下：

```
div{
    display: inline-block;
    width: 200px;
    height: 200px;
    }
.box1{
    background-color: cornflowerblue;
    }
.box2{
    background-color: darkgoldenrod;
    }
.box3{
    background-color: darksalmon;
    }
```

运行效果如下图所示：

步骤 2：设置定位后，代码如下：

```
.box2{
    position: relative;
    top: 30px
    left: 30px;
    background-color: darkgoldenrod;
    }
```

运行效果如下图所示：

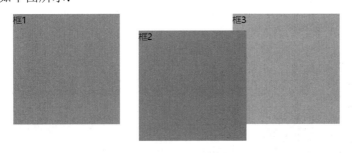

由前图可知，框 2 相对原来位置发生了偏移，上、左各偏移 30px。

通过以上操作可知：

- 相对定位的元素是相对于自己原来在标准流中的位置进行移动的；
- 元素在原来标准流的区域的占位继续保留，后面的元素仍然以标准流的方式对待它。

1.10 什么是绝对定位？如何绝对定位？

绝对定位使元素的位置与标准流无关。与相对定位不同的是：绝对定位不占据元素在原来标准流的区域位置。标准流中其他元素的布局就像绝对定位的元素不存在一样，排除该元素按照相应的排列方式布局。

设置为绝对定位的元素框从文档流完全脱离，通常根据带有相对定位的祖先元素来移动位置。如果没有相对定位的祖先元素，则以浏览器为最终参考定位。如果多个祖先元素有相对定位，则绝对定位元素将依据最近的已经定位的祖先元素定位。

下面对元素使用绝对定位改变其位置，操作步骤如下。

步骤 1：定位前，代码如下：

```
<body>
    <div class="box1">框 1
        <div class="box2">框 2
            <div class="box3">框 3</div>
        </div>
    </div>
</body>
        .box1{
            width: 200px;
            height: 200px;
            background-color: cornflowerblue;
        }
        .box2{
            width: 150px;
            height: 150px;
            background-color: darkgoldenrod;
        }
        .box3{
            width: 100px;
            height: 100px;
            background-color: darksalmon;
        }
```

运行效果如下图所示：

此处需要深刻理解相对定位和绝对定位的意义：相对定位是"相对于"元素在文档中的初始位置的，而绝对定位是"相对于"最近的相对定位祖先元素的，如果不存在已定位的祖先元素，则相对于最初的包含块。

步骤 2：下面将对 box3 设置绝对定位 position：absolute，对 box2 设置相对定位，框 3 相对于框 2 的顶部和左端偏移 30px。代码如下：

```
.box2{
position:relative;
top:30px;
left:30px;
width: 150px;
height: 150px;
background-color: darkgoldenrod;
}
```

运行效果如下图所示：

步骤 3：对 box3 设置绝对定位，将相对定位设置在 box1 上，框 3 相对于框 1 顶部和左端偏移 50px。代码如下：

```
.box1{
    position:relative;
    top:50px;
    left:50px;
    width: 200px;
    height: 200px;
    background-color: cornflowerblue;
}
```

运行效果如下图所示：

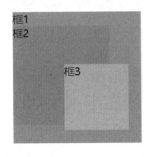

步骤 4：当祖先元素都没有相对定位时，对框 3 设置绝对定位及上下偏移量。代码如下：

```
.box3{
    position: absolute;
    top:20px;
    left:200px;
    width: 100px;
    height: 100px;
    background-color: darksalmon;
}
```

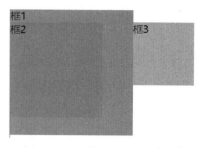

此时，框 3 相对于浏览器窗口向左端偏移 200px，离顶部偏移 20px，运行效果如右图所示。

通过以上操作可得出如下结论：

- 绝对定位的元素是相对于相对定位元素移动的；
- 绝对定位的元素不占有原来标准流的区域；
- 没有相对定位的祖先元素根据浏览器位置移动。

由于绝对定位的框与标准流无关，所以它们可以覆盖页面上的其他框。可以通过设置 z-index 属性来控制框的堆放层次次序，值越大的元素越在上层。注意，z-index 属性必须与定位一起使用才有效果。

例如，设置 box3 的 z-index 值为-1，下图中可以看到 box3 "消失"了，但这不是真的消失了，box3 只是被 box2 挡住了。代码如下：

```
.box3{
    position: absolute;
    width: 100px;
    height: 100px;
    background-color: darksalmon;
    z-index: -1;
}
```

运行效果如下图所示：

通过把 z-index 的值更改为 1，就可以看到 box3 在 box2 上方了，如本节第一幅图所示。

1.11 如何让文本水平居中？

在网页中为了使页面布局更加美观，往往需要将文本设置为水平居中对齐。在 CSS 中，常常使用 text-align 属性来设置文字的水平对齐方式。text-align 属性包括 left、right 和 center。

其中，left 表示将文本设置为左对齐，right 表示将文本设置为右对齐，center 则表示将文本设置为水平居中对齐。将文本设置为水平居中对齐的代码如下：

```
text-align: center;
```

运行效果如下图所示:

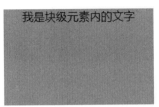

我是块级元素内的文字

📚 注意 _____

    text-align 属性只能将块级元素内部的文本内容设置为水平居中对齐,而不能将块级元素本身设置为水平居中对齐。同时,text-align 不能直接设置行内元素水平居中对齐。虽然可以利用 text-align 将行内元素中的文字设置为水平居中对齐,但是文字仍然不会处于浏览器页面的水平居中位置。

示例代码如下:

```
<i style="text-align: center;">
    我是行内元素中的文字
</i>
```

运行效果如下图所示:

我是行内元素中的文字

综上所述,利用 text-align 属性可以将块级元素中的文字设置为水平居中对齐。若希望将行内元素中的文字设置为水平居中对齐,则需要将元素的类型进行转换,可参考 1.5 节。

1.12　如何让文本垂直居中?

在 CSS 中,有些属性只能用于块级元素,而有些属性只能用于行内元素,行内元素和块级元素之间可以用 display 属性进行相互转换。在前面已经学习过关于块级元素和行内元素的知识,下面介绍如何让文本垂直居中。

示例代码如下:

```
<div class="word">我是文字</div>
.word{
    padding: 0px;
```

```
        width:500px;
        height:200px;
        text-align:center;
        background-color:antiquewhite;
    }
```

运行效果如下图所示：

我是文字

如上图所示，这样的效果其实并不理想。若想要文本垂直居中，应该怎么做呢？

1. 单行文本

对于单行文本，只需将文字的行高（line-height）和区域高度（height）设置为相同的数值即可。示例代码如下：

```
.word{
        padding: 0px;
        width:500px;
        height:200px;
        text-align:center;
        background-color:antiquewhite;
        line-height: 200px;
    }
```

运行效果如下图所示：

我是文字

2. 多行文本

多行文本的垂直居中对齐可以利用 vertical-align 属性。vertical-align 属性用于行内元素和转化为行内元素的块元素。该属性定义行内元素的基线相对于该元素所在行的基线垂直对齐。在表格的单元格中，vertical-align 属性会设置单元格框中单元格内容的对齐方式。因此，需要将<div>标签设置为 display：table-cell。设置后，此元素会作为一个表格单元格显示（类似<td>和<th>标签）。这样 vertical-align 属性就可以发挥作用了。

示例代码如下：

```
.word{
        padding: 0px;
```

```
            width:500px;
            height:200px;
            text-align:center;
            background-color:antiquewhite;
            display: table-cell;
            vertical-align:middle
        }
```

运行效果如下图所示：

我是文字
我是文字
我是文字
我是文字

1.13　如何让元素显示在其他元素之上？

在一个盒子中设置两个元素，如果想让一个元素显示在另一个元素之上，应该怎么做呢？

设置一个父元素盒子包裹两个子元素，并给它们设置不同的颜色以示区别。示例代码如下：

```
<div class="one">
    <div class="two"></div>
    <div class="three"></div>
</div>
.two{
    width: 100px;
    height: 100px;
    background-color: lightgoldenrodyellow;
}
.three{
    width: 100px;
    height: 100px;
    background-color:lightskyblue;
}
```

运行效果如下图所示：

可以看到两个元素分别占据一行，上下紧贴。如果想让黄色方块显示在蓝色方块之上有以下三种方法。

1. 方法一

给黄色方块设置浮动 float:left。浮动元素会生成一个块级框，无论它本身是何种元素。

注意

如果浮动元素的兄弟元素（非浮动元素）为块级元素，该元素会忽视浮动元素而占据它的位置。同时，元素会处在浮动元素的下层（并且无法通过 z-index 属性改变它们的层叠位置），但它的内部文字和其他行内元素都会环绕浮动元素。让黄色方块显示在蓝色方块之上，只需为黄色方块设置浮动即可。

示例代码如下：

```
.two{
    width: 100px;
    height: 100px;
    background-color: lightgoldenrodyellow;
    float: left;
}
```

运行效果如下图所示。但是这种方法使黄色方块脱离了文档流，会对后面的元素造成影响。

2. 方法二

下面使用相对定位和绝对定位来实现预期效果。在父元素上设置 position : relative，在子元素上设置 position : absolute，这样如果父元素里面有其他元素，绝对定位的子元素就可以显示在另一个元素之上。

示例代码如下：

```
.one{
    position: relative;
}
.two{
    width: 100px;
    height: 100px;
    background-color: lightgoldenrodyellow;
    float: left;
    position: absolute;
    top:10px;
    left:10px;
}
```

给黄色方块设置距离左端 10px，距离顶端 10px 的值，以方便观察，运行效果如下图所示：

3．方法三

同样，在父元素上设置 position : relative，在两个子元素上设置 position : absolute。为需要显示在另一个元素上的元素（此处为黄色方块）设置 z-index 属性。

示例代码如下：

```
.one{
    position: relative;
}
.two{
    width: 100px;
    height: 100px;
    background-color: lightgoldenrodyellow;
    float: left;
    position: absolute;
    z-index: 11;
}
.three{
    width: 100px;
    height: 100px;
    background-color:lightskyblue;
    position: absolute;
    top:10px;
    left: 10px;
}
```

只需将 z-index 的值设置为大于等于 1 即可达到效果，运行效果如下图所示：

1.14 如何制作一面照片墙?

在网页中有很多样式的照片集，可以利用 CSS 的相关知识来制作一面"照片墙"。利用照片墙，能够使照片以一种更加生动的方式进行展示，也让页面更加美观。

在制作照片墙时，需要用到一些 CSS 动画的基本知识。CSS 中的 transform 属性可以对指定的元素进行旋转、伸缩、移动和倾斜等操作。为了得到一面生动的照片墙，需要对展示的照片添加旋转和伸缩两种样式。

- scale( )：定义 2D 转换，为元素添加缩放样式。括号中的参数表示放大的倍数。
- rotate( )：定义 2D 旋转，为元素添加旋转样式。括号中的参数表示旋转的角度。

具体操作步骤如下。

首先，准备几幅图片，将它们放在页面中不同的位置上。然后，按照自己的需求将图片旋转一定的角度。示例代码如下：

```
<div class="content">
    <img class="pic1" src="1.jpg">
    <img class="pic2" src="2.jpg">
    <img class="pic3" src="3.jpg">
    <img class="pic4" src="4.jpg">
</div>
.pic1 {
        left: 100px;
        top: 50px;
        transform: rotate(20deg);
    }
.pic2 {
        left: 280px;
        top: 60px;
        transform: rotate(-10deg);
    }
```

其他图片的设置方式大同小异，可以根据自身的要求来设置。运行效果如下图所示：

根据上面的设置，得到的是一面静态的照片墙。如果想要得到生动的效果，可以让这些图片"动起来"。利用:hover 伪类选择器，当鼠标指针悬停在图片上时，图片会发生相应的变化。

示例代码如下：

```
.content img{
    /* 指定动画持续的时间 */
    transition:0.5s;
}
.content img:hover {
        box-shadow: 10px 10px 15px rgba(0, 0, 0, 0.3);
        transform: rotate(0deg) scale(1.3);
        z-index: 2;
    }
```

以上代码表示：当鼠标指针悬停在图片上时，图片会旋转到正常的角度并放大至自身的 1.3 倍。同时，由于设置了 z-index : 2，鼠标指针悬停在哪幅图片上，哪幅图片就会出现在其他图片的上层。

运行效果如下图所示：

1.15　input 有多少种?

随着 H5 的出现，input 元素新增了多种类型，用以接收各种类型的用户输入。其中，button、submit、reset、radio、checkbox、text、password、file、hidden、image 是 10 个传统输入控件，新增的有 color、date、datetime、datetime-local、time、month、week、email、number、range、search、tel、url 等 13 个输入控件。

1.15.1　传统的 10 个输入控件

1. button：按钮

button 按钮和 button 元素相比，button 元素使用 CSS 添加样式更方便。如果不想使用重置（reset）或提交（submit）按钮，同时为了和传统表单风格相匹配，建议使用 button 元素而不是<input type="button">。

示例代码如下：

```
<input type="button" value="点我一下"/>
```

运行效果如下图所示：

点我一下

2. submit：提交按钮

提交按钮，单击此按钮，提交表单数据。

示例代码如下：

```
<input type="submit" value="提交"/>
```

运行效果如下图所示：

提交

3. reset：重置按钮

重置按钮，单击此按钮，重置表单数据，即清除表单中的所有数据。

示例代码如下：

```
<input type="reset" value="重置"/>
```

运行效果如下图所示：

重置

4．radio：单选框

单选框，默认效果为一个小圆圈，只能选择一个。

示例代码如下：

```
性别：<label for="male">男</label>
     <input type="radio" name="gender" value="1" id="male"/>
     <label for="female">女</label>
     <input type="radio" name="gender" value="0" id="female"/>
```

运行效果如下图所示：

性别：男　　○　　女　　○

5．checkbox：复选框

复选框，默认效果为一个小方格，可以选择多个。

示例代码如下：

```
爱好：<label for="basketball">篮球</label>
     <input type="checkbox" name="hobby" value="basketball" id="basketball"/>
     <label for="football">足球</label>
     <input type="checkbox" name="hobby" value="football" id="football"/>
     <label for="swimming">游泳</label>
     <input type="checkbox" name="hobby" value="swimming" id="swimming"/>
     <label for="other">其他</label>
     <input type="checkbox" name="hobby" value="other" id="other"/>
```

运行效果如下图所示：

爱好：篮球 ☑ 足球 ☐ 游泳 ☑ 其他 ☐

6．text：文本

定义单行的输入字段，用户可在其中输入文本，如果 input 没有 type 属性，那么默认为 type="text"。

示例代码如下：

```
<input type="text" />
```

运行效果如下图所示：

7．password：密码

使用 password 类型，用户输入的文字将变成"*"或者"•"，用户不能看见输入框中的内容。当将输入框中的内容传递给后台时，传递的依然是用户输入的内容。

示例代码如下：

```
<input type="password" value="密码"/>
```

运行效果如下图所示：

```
••••••
```

8．file：文件类型

文件类型，用于让用户选择本地文件进行上传。

示例代码如下：

```
<input type="file" />
```

运行效果如下图所示：

```
选择文件 未选择任何文件
```

9．hidden：隐藏类型

隐藏类型，用于隐藏指定的表单控件。

示例代码如下：

```
<input type="hidden" />
```

10．image：图片类型

图片类型，用于定义图片形式的提交按钮，可以设置 width、height、src、alt 四个属性。

示例代码如下：

```
<input type="image" src="./Imgs/panda.jpg" />
```

运行效果如下图所示：

1.15.2 新增的 13 个输入控件

1．color：颜色

在浏览器支持的情况下，color 会创建一个调色板来选择颜色，颜色值以 URL 编码后的十六进制数值提交。

示例代码如下：

```
<input type="color" />
```

运行效果如下图所示：

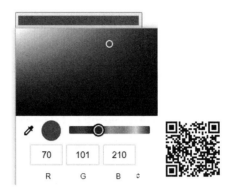

2．date：日期

日期选择器，用来选择年、月、日。

示例代码如下：

```
<input type="date" />
```

运行效果如下图所示：

3．datetime：时间（UTC 时区）

datetime 用于选择年、月、日、时、分、秒。时区被设置成 UTC 时区。

示例代码如下：

```
<input type="datetime" />
```

4．datetime-local：时间、日、月、年（本地时间）

与 datetime 类似，但 datetime-local 不是 UTC 时间，而是本地时间。

示例代码如下:

```
<input type="datetime-local" />
```

运行效果如下图所示:

5. time:时间

time 用于选择 24 小时制的时和分。

示例代码如下:

```
<input type="time" />
```

运行效果如下图所示:

6. month:月

month 用于选择年、月。

示例代码如下:

```
<input type="month" />
```

运行效果如下图所示：

7．week：周

week 用于输入年和周，用户可以选择日期，但返回的是 ---- 年第 -- 周。

示例代码如下：

```
<input type="week" />
```

运行效果如下图所示：

8．email：邮件

email 在外观上和文本栏类似，用于指定一个电子邮箱地址。在 Web 端没有差别，但是在手机端会弹出英文键盘。

示例代码如下：

```
<input type="email" />
```

运行效果如下图所示：

123456@qq.com

9．number：数字

number 用于指定输入数字类型的字符，在手机端会弹出数字键盘。

示例代码如下：

```
<input type="number" />
```

运行效果如下图所示:

10．range：滑动条

range 用于生成一个滑动条，用户可以左右滑动。

示例代码如下:

```
<input type="range" />
```

运行效果如下图所示:

11．search：搜索框

search 提供一个搜索栏。如果有文本输入，浏览器会在右侧提供一个清空搜索栏的"×"按钮，单击即可清空该搜索栏。

示例代码如下:

```
<input type="search" />
```

运行效果如下图所示:

12．tel：电话

tel 用于指定电话号码的输入，在手机端会弹出数字键盘。

示例代码如下:

```
<input type="tel" />
```

13．url：路径

url 用于指定一个 Web 地址，在手机端会自动转换成类似于.com 等方便用户输入 Web 地址的键盘。

示例代码如下:

```
<input type="url" />
```

1.16 如何组合使用<select>和<option>标签？

实际网页中，经常出现下拉菜单的选择，此时需要用到 CSS 中的 select 元素。select 元素用于创建单选或多选表单；同时它是一种表单控件，可用于在表单中接收用户输入。select 有如下属性。

- autofocus：规定在页面加载后文本区域自动获得焦点。
- disabled：规定禁用该下拉菜单。
- form：规定文本区域所属的一个或多个表单。
- multiple：规定可选择多个选项。
- required：规定文本区域是必填的。
- size：规定下拉菜单中可见选项的数目。

通常将 select 元素和 option 属性一起使用创建下拉菜单。

option 元素通常用于定义下拉菜单中的一个选项。网页中，< option >标签中的内容就是< select >标签列表中的一个选项，option 元素必须位于 select 元素内部。option 常用属性如下。

- disabled：规定此选项应在首次加载时被禁用。
- label：定义当使用< optgroup >时所使用的标注。
- selected：规定选项（首次显示在列表中时）表现为选中状态。
- value：定义送往服务器的选项值。

注意

< option >标签可以在不带有任何属性的情况下使用，但是通常需要使用 value 属性，value 为被送往服务器的内容，</option>标签可以省略。

下面实现 select 选择列表，利用 select 元素包裹多个 option 元素实现。

示例代码如下：

```
<select name="" id="">
    <option value="1">HTML</option>
    <option value="2">CSS</option>
    <option value="3">JavaScript</option>
</select>
```

运行效果如左图所示。

由上图可知，列表默认显示的内容为第一个 option 的值，如果需要将其他值作为默认值，可以将该选项的 selected 属性设置为 selected。

示例代码如下：

```
<option value="" selected = "selected">CSS</option>
```

运行效果如左图所示。

此时默认选项为 "CSS"，而不是第一个 option 的值 "HTML"。

上面已经实现了一个单选的下拉菜单，下面实现一个多选的菜单栏。此时必须使用 multiple 属性，multiple 属性用于实现多选列表。

示例代码如下：

```
<select name="" id="" multiple = "multiple">
```

运行效果如右图所示。

select 的 disabled 属性用于禁用下拉菜单，此时下拉菜单处于禁用状态，无法单击。

示例代码如下：

```
<select name="" id="" disabled = "disabled">
```

运行效果如右图所示。

另外，实际网页中，菜单选项会有多个，此时需要对选项进行分类。将 CSS 中的 option 属性设置为 optgroup，可实现分组功能。将同类选项放在同一个 optgroup 下，可实现分组。

示例代码如下：

```
<select name="city" >
  <optgroup label="北京">
  <option value="chaoyangqu" selected>朝阳区</option>
  <option value="shunyiqu">顺义区</option>
  <option value="daxingqu">大兴区</option>
  </optgroup>
  <optgroup label="成都">
  <option value="wuhouqu">武侯区</option>
  <option value="gaoxinqu">高新区</option>
  <option value="jinjiangqu">锦江区</option>
  </optgroup>
</select>
```

运行效果如下图所示：

1.17 为什么<datalist>标签灵活又方便?

为提升用户体验，常常会给输入框添加自动下拉提示功能，即单击输入框会出现下拉框，框内有多条提示信息，以方便用户快速检索和选择。随着 H5 的普及和发展，只需使用<datalist>标签就能快捷实现上述效果。

实际上，<datalist>标签提供了一个事先定义好的列表并通过 id 和 input 相关联。将定义好的列表与 input 关联起来需要使用 input 的 list 属性。具体操作如下。

首先，创建一个 datalist 列表并为该列表添加 id，然后，将 input 的 list 值设置为 datalist 的 id。当 input 内有输入时，下拉列表就会出现在 input 内，即实现了创建的列表和 input 的关联。

示例代码如下：

```
<body>
  <p>
    鲜花品种：<input list="flowers">
  </p>
  <datalist id="flowers">
    <option value="牡丹">
    <option value="芙蓉">
    <option value="玉兰">
    <option value="迎春">
    <option value="海棠">
    <option value="蜡梅">
    <option value="金桂">
  </datalist>
</body>
```

运行效果如下图所示：

由上图可知，单击输入框后，会自动出现创建的下拉列表。用户只需单击下拉列表中的选项，被选中的选项就会出现在输入框中。

运行效果如下图所示：

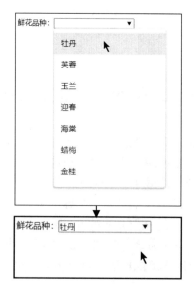

同时，还可以为列表中的选项设置其他信息，设置的信息同样会出现在下拉列表中。
示例代码如下：

```
<option value="牡丹">雍容华贵</option>
<option value="玉兰">芝兰玉树</option>
<option value="蜡梅">不畏严寒</option>
<option value="金桂">千里飘香</option>
```

运行效果如下图所示：

> 📚 注意
>
> 使用<datalist>标签虽然能够智能地生成下拉列表，但是也存在一定的限制。因此，在选项数目不多的情况下，使用传统的<select>标签创建下拉列表就可以了。

1.18 颜色有哪几种标识方式?

众所周知，所有颜色都是红（red）、绿（green）、蓝（blue）三种颜色组合而成的。一般地，页面中的颜色设定有以下四种方式。

1.18.1 英文单词表示颜色

最直接、简单的方法是用颜色的英文单词表示，例如，设置红色可以写成 color: red。
常用的表示颜色的英文单词如下：

black 纯黑	silver 浅灰	navy 海军蓝	blue 浅蓝	darkblue 暗蓝	green 深绿
lime 浅绿	teal 靛青	aqua 天蓝	maroon 深红	red 大红	purple 深紫
fuchsia 品红	olive 褐黄	yellow 明黄	gray 深灰	lightgray 亮灰	white 壳白

示例代码如下：

```
<!DOCTYPE html>
<html>
<head>
<meta charset="utf-8">
<title>颜色表示</title>
```

```
<style>
h1
{
    /*使用英文单词表示颜色*/
color:red;
}
</style>
</head>
<body>
<h1>这是直接使用英文单词表示</h1>
</body>
</html>
```

运行效果如下图所示：

这是直接使用英文单词表示

虽然直接使用英文单词表示颜色十分简单、方便，但是颜色有成千上万种，不是每种颜色都有对应的英文单词，使用上会有局限性。因此，不建议在网页中使用英文单词表示颜色，避免有些颜色名不能被浏览器解析或者不同浏览器对颜色有解释差异。

1.18.2　十六进制表示颜色

CSS 中定义颜色使用十六进制（HEX）数值表示，十六进制数值由红、绿、蓝各 2 位颜色值组成。写法为最低值 0（十六进制 00）到最高值 255（十六进制 FF）3 个双位数字的十六进制数值，以 "#" 开始。

十六进制数值表示的颜色组成方式是#RRGGBB，其中，RR 表示红色，GG 表示绿色，BB 表示蓝色。所有值必须介于 00 和 FF 之间，如#FF0000 表示红色。

上例中 color 类型的 input 框可以使用这种方式指定颜色。示例代码如下：

```
<input type="color" />
```

只需调出调色板并将选项设置为 HEX 即可显示该颜色的十六进制数值，如下图所示：

示例代码如下：

```
color:#ff73b3;
```

运行效果如下图所示：

这是使用十六进制进行颜色表示

使用十六进制数值表示颜色，可以比较自由地定制更准确、多样的颜色。由于主流浏览器都支持十六进制颜色值，所以推荐使用这种方式。

1.18.3　RGB 表示颜色

RGB 颜色值表示法的格式为 rgb(红,绿,蓝)。参数（红、绿和蓝）用于定义相应颜色的亮度。三个参数的取值范围都是 0～255，对应十六进制 00～FF。值越大，颜色越深。RGB 除可以用数值表示外，还可以用百分比，取值为 0%～100%。例如，rgb(255,0,0) 和 rgb(100%,0%,0%) 表示的是同一种颜色。

将调色板下的选项设置为 RGB 后，就可以在调色板中设置想要的颜色，如下图所示：

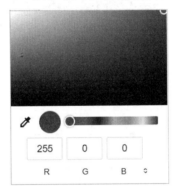

示例代码如下：

```
color:rgb(36,122,255);
```

运行效果如下图所示：

这是使用RGB进行颜色表示

注意

RGB 表示形式和十六进制表示形式可以相互转换。

另外，还可以使用 RGBA 来指定颜色。RGBA 颜色值是 RGB 颜色值 alpha 通道的延伸，用于指定颜色的透明度。

RGBA 颜色值指定格式：rgba(红,绿,蓝,alpha)。alpha 参数是一个介于 0.0（完全透明）和 1.0（完全不透明）之间的参数。

示例代码如下：

```
color:rgba(36,122,255,0.4);
```

运行效果如下图所示：

这是使用RGBA进行颜色表示

1.18.4　HSL 表示颜色

HSL 颜色值指定格式：HSL(色相,饱和度,亮度)。

色相是在色轮上的程度：0 是红色的，120 是绿色的，240 是蓝色的。饱和度是一个百分比值：0%意味着灰色；100%的阴影是全彩。亮度也是一个百分比值：0%是黑色的，100%是白色的。

打开调色板将选项设置为 HSL，如下图所示：

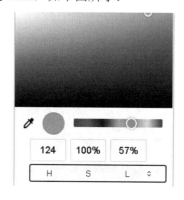

示例代码如下：

```
color:HSL(124,100%, 57%);
```

运行效果如下图所示：

这是使用HSL表示颜色

与 RGBA 类似，HSLA 的颜色值是一个带有 alpha 通道的 HSL 颜色值的延伸，用于指定颜色的透明度。

HSLA 颜色值指定格式：hsla(色调,饱和度,亮度,α)，α 是 alpha 参数定义的不透明度，介于 0.0（完全透明）和 1.0（完全不透明）之间。

示例代码如下：

```
color: hsla(124, 100%, 57%, 0.4)
```

运行效果如下图所示：

这是使用HSLA表示颜色

1.19 CSS 的光标功能有哪些?

在网页中经常会看到一些其他样式的鼠标光标,用来做出各种提示,如文本、禁用、等待等。下面将介绍一些常用的光标使用方法。

1.19.1 新的内建光标

鼠标光标的用途十分广泛,它具有很好的提示作用。鼠标光标的不同形状和样式起到了不同的提示作用。当为某个元素添加 cursor 属性时,可以指定用户在该元素上执行动作时显示的光标样式。例如,利用 pointer 光标来告诉用户该按钮是可以单击的,如下左图所示。

下右图展示的是 CSS 提供的内建光标在 Windows 10 系统中显示的样式,前 8 个光标是在 CSS3 之前就已经存在的内建光标,其他的则是 CSS3 新增的内建光标。

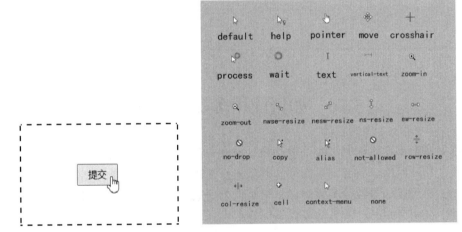

新建的内建光标样式让光标的提示能力增强了不少。其中,not-allowed 和 none 使用最广泛。

1.19.2 not-allowed 光标

网页中有时需要禁用一些按钮,但是禁用按钮后需要提示用户该按钮无法使用。此时就可以在 CSS 中使用 not-allowed 光标实现。

示例代码如下:

```
:disabled,[disabled],[aria-disabled='true']{
    cursor: not-allowed;
}
<!-->将按钮禁用</!-->
<input type="button" name="" value="提交" disabled />
```

运行效果如下图所示:

1.19.3　none 隐藏光标

在某些情况下，将光标隐藏可以获得更好的用户体验。例如，在全屏观看视频时，希望光标能够隐藏起来。通常的做法是给视频标签添加 cursor 属性，并导入一个透明背景的 GIF 文件，但现在常用的做法是通过 none 实现。

示例代码如下:

```
video{
    cursor: url(transparent.gif);
    cursor:none
}
```

1.20　如何使用多媒体标签?

在打开某些网站页面时，页面中会自动播放一段精彩的视频或者动听的音乐。这样的效果往往能够给网站访问者留下深刻的印象。那么该怎样实现这样的效果呢?

在 H5 中可以插入各种多媒体标签来实现上述效果。Web 中的多媒体主要是指音频和视频等。下面将介绍三种常见的多媒体标签。

1.20.1　<embed>标签

<embed>标签用于定义嵌入的内容。可以利用该标签来插入各种格式的多媒体，包括 WAV、AU、MP4 等。若要把多媒体文件引入页面中，只需将视频下载下来，指定视频文件的绝对路径或相对路径即可。<embed>标签支持修改宽高，因此，可以设置视频播放的页面大小。

示例代码如下:

```
<body>
    <div>
        <embed src="test.mp4" width="800px" height="600px" type="">
    </div>
</body>
```

其中，src 表示引入的 MP4 文件的地址。引入视频文件后，默认与浏览器页面左上角对齐。为了使得页面更加整洁美观，可以将视频放在页面中间的位置，如后图所示:

由上图可知，可以对引入的视频进行暂停、播放、拖动进度条、调节音量等操作，增加用户的交互性。

1.20.2　\<video>标签

除\<embed>标签外，还可以使用更加广泛的\<video>标签来引入视频文件。与\<embed>标签类似，只需在 src 中写上视频文件的地址就可以了。

示例代码如下：

```
    <div>
         <video src="test.mp4" controls="controls"></video>
    </div>
```

📖**注意** ┈┈
> 　　上述代码中的 controls 属性用于设置或返回音频/视频是否显示控件（如播放/暂停等），因此不能将它省略；否则，视频将不能正常显示。

与\<embed>标签一样，\<video>标签也可以为视频播放窗口设置宽高。

运行效果如下图所示：

对比\<embed>标签的效果，除上文提及的基本操作外，使用\<video>标签引入视频还可以将视频全屏播放。

1.20.3 <audio>标签

使用<audio>标签可以在页面中引入一段音频，引入的方式与<video>标签一致。

示例代码如下：

```
<audio src="audio.mp3" controls="controls"></audio>
```

运行效果如下图所示：

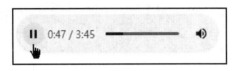

添加 controls 属性后，可以在浏览器中单击暂停或播放按钮，也可以调节音频的音量。

实际上，除 controls 属性外，H5 还有许多其他的 audio、video 属性，这些丰富多彩的属性可以为页面添加生动的效果。

1.21　CSS 属性在 JavaScript 中如何使用？

JavaScript 是一种具有函数优先解释型的编程语言。虽然它作为开发 Web 页面的脚本语言而出名，但是它也被用到了很多非浏览器环境中。JavaScript 基于原型编程、多范式的动态脚本语言，并且支持面向对象、命令式、声明式、函数式编程范式。

后续几节将介绍 JavaScript 的语法和结构。

1.21.1　读写行内样式

任何支持 style 属性的 HTML 标签，在 JavaScript 中都有一个对应的 style 脚本属性。style 是一个可读可写的对象，包含一组 CSS 样式。

使用 style 的 cssText 属性可以返回行内样式的字符串表示。同时，style 对象还包含一组与 CSS 样式属性——映射的脚本属性。这些脚本属性的名称与 CSS 样式属性的名称对应。

在 JavaScript 中，由于连字符是减号运算符，含有连字符的样式属性不能被浏览器正确解析，因此，脚本属性会以驼峰命名法重新命名。

例如，对于 border-right-color 属性，在脚本中应使用 borderRightColor 属性。

示例代码如下：

```
<div id="title">驼峰命名法示例</div>
<script>
    let title = document.getElementById("title");
    title.style.borderRightColor = "red";
    title.style.borderRightStyle = "solid";
</script>
```

使用 CSS 脚本属性时，需要注意以下几个问题。

- float 是 JavaScript 保留字，因此使用 cssFloat 表示与之对应的脚本属性的名称。

- 在 JavaScript 中，所有 CSS 属性值都是字符串，必须加上引号。

示例代码如下：

```
node.style.fontFamily = "Arial, Helvetica, sans-serif";
node.style.cssFont = "left";
node.style.color = "#ff0000";
```

- CSS 样式声明结尾的分号不能作为脚本属性值的一部分。
- 属性值和单位必须完整地传递给 CSS 脚本属性，若省略单位则所设置的脚本样式无效。

示例代码如下：

```
node.style.width = "60px";
node.style.width =  width + "px";
```

1.21.2　使用 style 对象

DOM2 级规范为 style 对象定义了一些属性的方法，简单说明如下。

- cssText：返回 style 的 CSS 样式字符串。
- length：返回 style 的声明 CSS 样式的数量。
- parentRule：返回 style 所属的 cssRule 对象。
- getPropertyCSSValue( )：返回包含指定属性的 cssValue 对象。
- getPropertyPriority( )：返回包含指定属性是否添加!important 命令。
- item( )：返回指定下标位置的 CSS 属性的名称。
- getPropertyValue( )：返回指定属性的字符串值。
- removeProperty( )：从样式中删除给定属性。
- setProperty( )：为指定属性设置值，也可以附加优先权标志。

下面重点介绍几个常用的方法。

1. getPropertyValue( )方法

getPropertyValue( )方法用于获取指定元素样式属性的值。格式如下：

```
var value = node.style.getPropertyValue(propertyName)
```

其中，参数 propertyName 表示 CSS 属性名，不是 CSS 脚本属性名，复合名应使用连字符进行连接。

【示例 1】下面代码使用 getPropertyValue( )方法获取行内样式中 width 属性值，然后输出到盒子内显示。

示例代码如下：

```
<script>
    window.onload = function(){
        let box = document.getElementById("box");   //获取 box 节点
        let width = box.style.getPropertyValue("width");  //读取 div 元素的 width
属性值
        box.innerHTML = "盒子宽度：" + width;     //输出显示 width 值
    }
</script>
<div id="box"  style="width:400px;  height:200px;border:solid  2px  red"  >
getPropertyValue() 方法示例</div>
```

运行效果如下图所示：

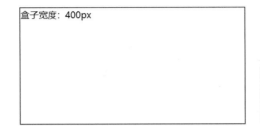

2．setProperty( )方法

setProperty( )方法用于为指定元素设置样式。格式如下：

```
node.style.setProperty(propertyName, value, priority)
```

参数说明如下。

- propertyName：设置 CSS 属性名。
- value：设置 CSS 属性值，包含属性值的单位。
- priority：表示是否设置!important 优先级命令，如果不设置可以用空字符串表示。

【示例 2】使用 setProperty( )方法定义盒子的显示宽度和高度分别为 300px 和 200px。

示例代码如下：

```
<script>
    window.onload = function(){
        let box = document.getElementById("box");  //获取 box 节点
        box.style.setProperty("width", "300px", "");  //设置盒子的显示宽度为
300px
        box.style.setProperty("height", "200px", "");  //设置盒子的显示高度
为 200px

        let width = box.style.width;  //读取 div 元素的 width 属性值
        let height = box.style.height;  //读取 div 元素的 height 属性值
        box.innerHTML = "盒子宽度：" + width+"; 盒子高度："+height;
        //输出显示 width 和 height 的值
    }
</script>
<div  id="box"  style="width:200px;  height:100px;border:solid  2px  red" >
setProperty()方法示例</div>
```

运行效果如下图所示：

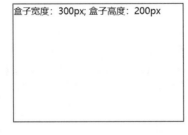

3．removeProperty( )方法

removeProperty( )方法用于移除指定 CSS 属性的样式声明。格式如下：

```
node.style.removeProperty(propertyName)
```

参数说明如下。

- propertyName：设置 CSS 属性名。

4．item( )方法

item( )方法用于返回 style 对象中指定索引位置的 CSS 属性名称。格式如下：

```
let name = node.style.item(index)
```

参数说明如下。

- index：表示 CSS 样式的索引号。

5．getPropertyPriority( )方法

getPropertyPriority( )方法用于获取指定 CSS 属性中是否添加了!important 优先级命令，如果存在则返回"important"字符串，否则返回空字符串。

【**示例3**】定义鼠标指针经过盒子时，设置盒子的背景色为蓝色，边框颜色为红色；当鼠标指针移出盒子时，又恢复到盒子默认设置的样式；而单击盒子时，则在盒子内输出动态信息，显示当前盒子的高度和宽度。

示例代码如下：

```
<script>
    window.onload = function () {
        let box = document.getElementById("box");  //获取盒子节点
        box.onmouseover = function () {  //定义鼠标指针经过时的事件处理函数
            box.style.setProperty("background-color", "blue", "");  //设置背
景色为蓝色
            box.style.setProperty("border", "solid 10px red", "");  //设置边
框为10像素红色实线
        }
        box.onclick = function () {  //定义鼠标单击事件处理函数
            box.innerHTML = (box.style.item(0) + ":" +
            box.style.getPropertyValue("width"));  //显示盒子的宽度
            box.innerHTML = box.innerHTML + "<br>" + (box.style.item(1) + ":" +
            box.style.getPropertyValue("height"));  //显示盒子的高度
        }
        box.onmouseout = function () {  //定义鼠标指针移出时的事件处理函数
            box.style.setProperty("background-color", "red", "");  //设置背
景色为红色
            box.style.setProperty("border", "solid 10px blue", "");  //设置
边框为10像素的蓝色实线
        }
    }
</script>
<div id="box" style="width:200px; height:200px; background-color:red; border:
solid 10px blue;">
```

默认样式，如后左图所示。

鼠标指针经过盒子样式，如后中图所示。

鼠标单击盒子样式，如下右图所示。

1.21.3　编辑样式

cssRules 的<style>标签不仅用于读取，还用于写入属性值。

在下面示例中，样式表中包含 3 个样式，其中，蓝色样式类（.blue）定义字体显示为蓝色。用脚本修改该样式类（.blue 规则）字体颜色为浅灰色（#999）。

示例代码如下：

```
<style type="text/css">
    #box { color:green; }
    .red { color:red; }
    .blue { color:blue; }
</style>
<script>
    window.onload = function(){
        let cssRules = document.styleSheets[0].cssRules || document.styleSheets
[0].rules;
        console.log(cssRules);
        cssRules[2].style.color="#999";   //修改样式表中指定属性的值
    }
</script>
    <p class="blue">原来为蓝色字体，现在显示为浅灰色字体。</p>
```

运行效果如下图所示：

原来为蓝色字体，现在显示为浅灰色字体。

1.21.4　读取媒体查询

在 JavaScript 中，可以使用 window.matchMedia( )方法访问 CSS 的 mediaQuery 语句。window.matchMedia( )方法用于接收一个 mediaQuery 语句的字符串作为参数，返回一个 MediaQueryList 对象。该对象有以下两种属性。

- media：返回所查询的 mediaQuery 语句字符串。

- matches：返回一个布尔值，表示当前环境是否匹配查询语句。

属性设置如下：

```
let result = window.matchMedia('(min-width: 1000px)');
result.media // (min-width: 1000px)
result.matches // true
```

【示例 1】根据 mediaQuery 是否匹配当前环境，执行不同的 JavaScript 代码。

```
let result = window.matchMedia('(max-width: 800px)');
if (result.matches) {
    console.log('页面宽度大于等于 800px');
}
else {
    console.log('页面宽度小于 800px');
}
```

【示例 2】根据 mediaQuery 是否匹配当前环境，加载相应的 CSS 样式表。

```
let result = window.matchMedia('(max-width: 800px)');
if (result.matches) {
    let linkElm = document.createElement('link');
    linkElm.setAttribute('rel', 'stylesheet');
    linkElm.setAttribute('type', 'text/css');
    linkElm.setAttribute('href', 'small.css');
    document.head.appendChild(linkElm);
}
```

如果 window.matchMedia( )方法无法解析 mediaQuery 参数，返回的总是 false，而不是报错。例如：

```
window.matchMedia('xxx').matches  //false
```

window.matchMedia( )方法返回的 MediaQueryList 对象有两个方法用来监听事件：addListener( )方法和 removeListener( )方法。如果 mediaQuery 查询结果发生变化，就调用指定的回调函数。例如：

```
let result = window.matchMedia("(max-width: 700px)");
result.addListener(callbackFunction);//指定回调函数
result.removeListener(callbackFunction);//撤销回调函数
function callbackFunction(result) {
    if (result.matches) {
        //宽度小于等于 700 像素
    } else {
        //宽度大于 700 像素
    }
}
```

上面代码中，回调函数的参数是 MediaQueryList 对象。回调函数的调用可能存在两种情况：一种是显示宽度从 700 像素以上变为 700 像素以下；另一种是从 700 像素以下变为 700 像素以上。因此，在回调函数内部要判断当前的屏幕宽度。

1.21.5　使用 CSS 事件

1. transitionEnd 事件

CSS 的过渡效果（transition）结束后，触发 transitionEnd 事件。例如：

```
e.addEventListener('transitionend', 'onTransitionEnd', false);
```

```
functioin onTransitionEnd() {
    console.log('transitionend 事件示例');
}
```

transitionEnd 的事件对象具有以下属性。

- propertyName：发生 transition 效果的 CSS 属性名。
- elapsedTime：transition 持续的秒数，不含 transition-delay 的时间。
- pseudoElement：如果 transition 效果发生在伪元素上，则返回该伪元素的名称，以 "::" 开头；如果没有发生在伪元素上，则返回一个空字符串。

实际使用 transitionend 事件时，可能需要添加浏览器前缀。

示例代码如下：

```
e.addEventListener('webkitTransitionEnd', function () {
    e.style.transition = 'none';
});
```

2．animationstart、animationend、animationiteration 事件

CSS 动画有以下 3 个事件。

- animationstart 事件：动画开始时触发。
- animationend 事件：动画结束时触发。
- animationiteration 事件：开始新一轮动画循环时触发。如果 animation-iteration-count 属性等于 1，则该事件不触发，即只播放一轮 CSS 动画，不会触发 animationiteration 事件。

【示例】上述 3 个事件的事件对象都有 animationName 属性（返回产生过渡效果的 CSS 属性名）和 elapsedTime 属性（动画已经运行的秒数）。对于 animationstart 事件，elapsedTime 属性等于 0，除非 animation-delay 属性等于负值。

示例代码如下：

```
let e = document.getElementById("animation");
e.addEventListener("animationstart", listener, false);
e.addEventListener("animationend", listener, false);
e.addEventListener("animationiteration", listener, false);
function listener(e) {
    let li = document.createElement("li");
    switch (e.type) {
        case "animationstart":
            li.innerHTML = "Started : elapsed time is" + e.elapsedTime;
            break;
        case "animationend":
            li.innerHTML = "Ended: elapsed time is" + e.elapsedTime;
            break;
        case "animationiteration":
            li.innerHTML = "New loop started at time" + e.elapsedTime;
            break;
    }
    document.getElementById("output").appendChild(li);
}
```

上面代码的运行结果如下：

```
Started : elapsed time is 0 New loop started at time 3.01200008392334 New loop
started at time 6.00600004196167 Ended: elapsed time is 9.234000205993652
```

另外，animation-play-state 属性用于控制动画的状态（暂停/播放），需要加上浏览器前缀。格式如下：

```
element.style.webkitAnamationPlayState = "paused";
element.style.webkitAnamationPlayState = "running";
```

1.22　JavaScript 定位 DOM 元素的几种方式

1.22.1　显示信息交互

1. alert（警告消息框）

alert( )方法有一个参数，是希望对用户显示的文本字符串。该字符串不是 HTML 格式的。对应的消息框提供了一个"确定"按钮让用户关闭该消息框，并且该消息框是模式对话框，即用户必须先关闭该消息框才能继续进行操作。

示例代码如下：

```
<button onclick="myalert()">单击弹出 alert</button>
myalert=()=>{
        alert("单击"确定"可以继续操作")
    }
```

运行效果如下图所示：

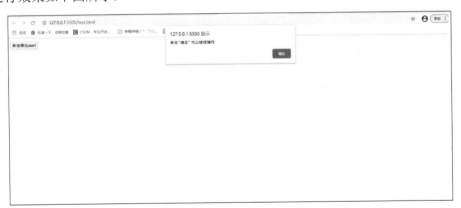

2. confirm（确认消息框）

使用确认消息框可向用户问一个"是"或"否"的问题，用户可以选择单击"确定"按钮或者单击"取消"按钮。Confirm( )方法的返回值为 true 或 false。该消息框也是模式对话框，即用户必须在响应该对话框（单击一个按钮）后，才能进行下一步操作。

示例代码如下：

```
<button onclick="myconfirm()">单击弹出 confirm</button>
myconfirm=()=>{
```

```
var mes= confirm("单击"确定"继续，单击"取消"停止")
if(mes==true){
    window.alert("继续下一步操作")
}else{
    alert("取消操作！")
}
}
```

运行效果如下图所示：

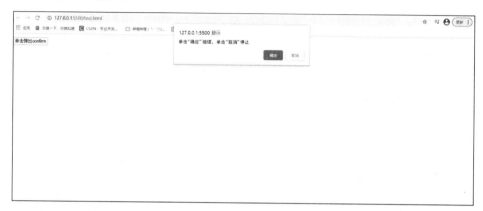

单击"确认"按钮，效果如下图所示：

单击"取消"按钮，效果如下图所示：

3. prompt（提示消息框）

提示消息框提供了一个文本字段，用户可以在此字段中输入一个答案来响应提示。提示消息框中有一个"确定"按钮和一个"取消"按钮。如果用户提供了一个辅助字符串参数，则提示消息框将在文本字段显示该辅助字符串作为默认响应；否则，默认文本为"<undefined>"。与 alert( )和 confirm( )方法类似，prompt( )方法也将显示一个模式消息框，用户在继续操作前必须先关闭该消息框。

示例代码如下：

```
<button onclick="myprompt()">单击弹出 prompt</button>
myprompt=()=>{
        var age=prompt("您好，请输入你的大学级数");
    switch(age){
        case "1":
        alert("你正在读大一");
        break;
        case "2":
        alert("你正在读大二");
        break;
        case "3":
        alert("你正在读大三");
        break;
     case "4":
        alert("你正在读大四");
        break;
        default:
        alert("请您输入 1-4");
        break;
    }
}
```

1.22.2 控制台监控

在浏览器界面，单击右键，选择"检查"命令或者直接按 F12 键，可以弹出控制台，便于调试 JavaScript 代码。在控制台上可以看到页面中输出的内容。

示例代码如下：

```
<button onclick="myconsolelog()">单击输出控制台信息</button>
myconsolelog=()=>{
        console.log("这是显示控制台打印的信息");
    }
```

运行效果如下图所示：

1.23 Document 对象如何查找定位元素?

1.23.1 getElementById( )定位

getElementById( )定位可以根据元素的 id 属性获取一个元素节点对象。id 对英文大小写敏感，这里通过 document.getElement( )定位来获取到元素节点对象。

示例代码如下：

```
<button id="but1" onclick="mybut1()">单击获取当前节点对象信息</button>
{
    var but1 = document.getElementById("but1");
        console.log(but1);
            }
```

运行效果如下图所示：

1.23.2 getElementsByClassName( )定位

getElementsByClassName( )定位可以根据 class 属性值获取一组元素节点对象（该方法不支持 IE8 及以下版本的浏览器）。

 注意

> 这个方法会返回一个类数组对象，所有查询到的元素都会被封装到这个对象中。

示例代码如下：

```
<button class="but2" onclick="mybut2()">单击获取一组节点对象信息</button>
mybut2=()=>{
```

```
        var but2 = document.getElementsByClassName("but2");
        console.log(but2);
    }
```

运行效果如下图所示：

如果要查找具体元素，则可以使用索引。

示例代码如下：

```
mybut2=()=>{
    var but2 = document.getElementsByClassName("but2")[0];
    console.log(but2);
    }
```

运行效果如下图所示：

1.23.3　getElementsByTagName( )定位

getElementsByTagName( )定位可以根据标签名获取一组元素节点对象，该方法所有浏览器均可使用。即使查询到的元素只有一个，也会被封装到数组中返回。

示例代码如下：

```
<button  onclick="mybut3()">单击获取一组节点对象信息</button>
mybut3=()=>{
    var but3 = document.getElementsByTagName('button');
    console.log(but3);
    }
```

运行效果如下图所示：

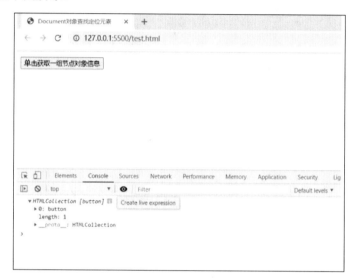

若需要查找具体元素，就必须使用索引。

示例代码如下：

```
mybut3=()=>{
    var but3 = document.getElementsByTagName('button')[0];
    console.log(but3);
    }
```

运行效果如下图所示：

1.23.4 querySelector( )定位

在之前的学习中了解到，可以根据元素的 class 属性值查询一组元素节点对象，即 getElementsByClassName( )，但是这个方法不支持 IE8 及以下版本的浏览器。

在 JavaScript 中，可以选择使用 querySelector( )代替 getElementsByClassName( )实现同样的效果。需要注意的是：

- querySelector( )需要一个选择器的字符串作为参数，可以根据一个 CSS 选择器来查询一个元素节点对象。
- 使用 querySelector( )总会返回唯一的一个元素，如果满足条件的元素有多个，那么它只会返回第一个。

示例代码如下：

```
<button class="butlist">我是第一个按钮</button>
<button class="butlist">我是第二个按钮</button>
<button class="butlist">我是第三个按钮</button>
window.onload=function (){
    var list = document.querySelector('.butlist');
    console.log(list);
    }
```

运行效果如下图所示：

1.24 JavaScript 如何操纵 DOM 元素节点?

DOM（Document Object Model，文档对象模型）是 HTML 和 XML 文档的编程接口。HTML DOM 定义了访问和操作 HTML 文档的标准方法。在 HTML DOM 中，每一个元素都是节点，即文档是一个文档节点，HTML 元素是一个元素节点，HTML 属性是一个属性节点，插入 HTML 元素中的文本是文本节点，注释是注释节点。

访问节点的方法有两种：一是使用 getElement 系列方法访问节点；二是根据层次关系访问节点。

可以将常用的 DOM 操作进行分类，将常用的 DOM 操作 API 分为节点创建 API、页面修改 API、节点查询 API。

1.24.1 节点创建 API

1. createElement( )

createElement(tagName)：创建标签名为 tagName 的新元素节点，如果传入的标签名是未知的，则会创建自定义的标签。通过 createElement( )创建的元素并不属于 HTML 文档，它只是创建出来，并未添加到 HTML 文档中。创建节点后要调用 appendChild( )或 insertBefore( )等方法才能将其添加到 HTML 文档中。

调用方法如下：

```
var div = document.createElement("div");
```

2. cloneNode( )

cloneNode( )：复制某个指定节点，返回调用方法的节点的副本。它接收一个 bool 参数，用来表示是否复制子元素。deep 可取值为 true 和 false，true 表示复制节点本身和所有子节点，false 表示只复制节点本身。

调用方法如下：

```
var div1 = document.getElementById("div1");
var div2 = div1.cloneNode(true);
```

3. createTextNode( )

createTextNode( )：创建文本节点。

调用方法如下：

```
var textNode = document.createTextNode("一个 TextNode");
```

4. createDocumentFragment( )

createDocumentFragment( )：创建 DocumentFragment，即一种轻量级的文档，它的作用主要是存储临时的准备添加到文档中的节点。当需要添加多个 DOM 元素时，可先将这些元素添加到 DocumentFragment 中，再统一将 DocumentFragment 添加到页面中。这样能够减少页面渲染 DOM 的次数，不会引起页面回流，提高效率。

调用方法如下：

```
var fragment = document.createDocumentFragment();
```

节点创建 API 示例代码如下：

```
<script type="text/javascript">
    var arr = ["first", "second", "third", "fourth"];
    var fragment = document.createDocumentFragment();
    for (var i=0; i < arr.length; i++) {
        var p = document.createElement("p");
```

```
            var Text = document.createTextNode(arr[i]);
            p.appendChild(Text);
            fragment.appendChild(p);
        }
        var clone = fragment.cloneNode(true);
        document.body.appendChild(fragment);
        document.body.appendChild(clone);
    </script>
```

运行效果如下图所示:

```
first

second

third

fourth

first

second

third

fourth
```

1.24.2　页面修改 API

1. appendChild( )

appendChild( ): 将指定的节点添加到调用该方法的节点的子元素末尾。如果被添加的节点是页面中节点, 执行 appendChild( )后该节点将被添加到指定位置, 其原本所在位置将移除该节点。如果被添加节点绑定了事件, 移动时事件依然绑定。

调用方法如下:

```
    parent.appendChild(child); //child 节点将会作为 parent 节点的最后一个子节点
```

2. insertBefore( )

insertBefore( ): 用来添加节点到参照节点之前。若插入的节点是页面中节点, 则会移动该节点到指定位置, 并且保留其绑定事件。参照节点是必传项, 若参照节点是 undefined 或 null, 则 insertBefore 会将此节点添加到子元素末尾。

调用方法如下:

```
    parentNode.insertBefore(newNode,refNode);
    //新节点被添加后的父节点.inserBefore(要添加的节点,参照节点)
```

3. removeChild( )

removeChild( ): 将指定子节点从父节点中移除。移除后的子节点仍存储于内存中, 只是没有添加到当前文档的 DOM 树中。通过 removeChild( )移除的节点可以重新添加到当前文档中。

调用方法如下:

```
    var oldChild = node.removeChild(child);
    //child 是要移除的子节点, node 是 child 的父节点, oldChild 保存要删除的子节点,可重
新将节点添加回当前文档中
```

```
element.removeChild(child);//移除节点，短时间内将会被内存管理回收
```

4．replaceChild( )

replaceChild( )：使用一个节点替换另一个节点。替换的节点可以是新节点，也可以是页面中的其他节点。如果是页面中的其他节点，则该节点将被转移到新位置。

调用方法如下：

```
parent.replaceChild(newChild,oldChild);//newChild 是替换的节点,oldChild 是被替
换的节点
```

页面修改型 API 示例代码如下：

```html
<div id="div1">
    <p id="p1">我是子节点 1</p>
    <p id="p2">我是子节点 2</p>
</div>
<script type="text/javascript">
    //将我是新节点 1 移动到 div1 子元素后
    var para1 = document.createElement("para1");
    var node1 = document.createTextNode("我是新节点 1");
    para1.appendChild(node1);
    var element1 = document.getElementById("div1");
    element1.appendChild(para1);
    //将我是新节点 2 移动到我是字节 1 前
    var para2 = document.createElement("para2");
    var node2 = document.createTextNode("我是新节点 2");
    para2.appendChild(node2);
    var element2 = document.getElementById("div1");
    var old1 = document.getElementById("p1");
    element2.insertBefore(para2,old1);          //删除我是子节点 1
    var parent = document.getElementById("div1");
    var child  = document.getElementById("p1");
    parent.removeChild(child);              //将我是子节点 2 替换为我是新节点 3
    var para3 = document.createElement("para3");
    var node3 = document.createTextNode("我是新节点 3");
    para3.appendChild(node3);
    var oldChild = document.getElementById("p2");
    parent.replaceChild(para3,oldChild);
</script>
```

运行效果如下图所示：

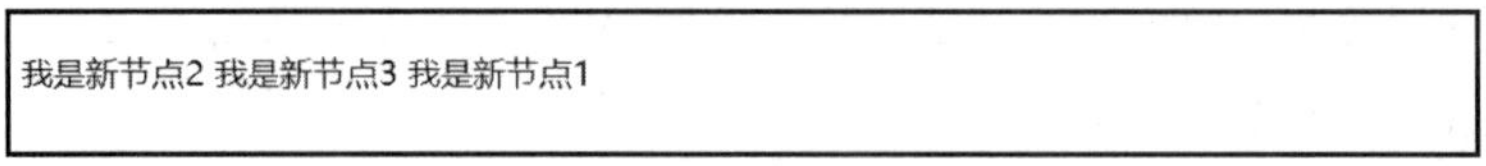

我是新节点2 我是新节点3 我是新节点1

1.24.3 节点查询 API

1．getElementById( )

getElementById( )：根据元素 id 返回元素，返回值是 Element 类型。如果不存在该元素，则返回 null；如果存在多个 id 相同的元素，则返回第一个元素。

注意

> getElementById( )只在文档中搜索元素，如果创建一个元素并指定 id 但没有添加到文档中，则查找不到该元素。

调用方法如下：

```
var id = document.getElementById("id");
```

2．getElementsByTagName( )

getElementsByTagName( )：根据元素标签名获取元素，返回带有指定标签名的对象集合。如果不存在指定的标签，则该接口返回的不是 null，而是一个空集合。如果把特殊字符＂＊＂传递给 getElementsByTagName( )方法，它将返回文档中所有元素的列表，列表顺序是它们在文档中的顺序。

调用方法如下：

```
var divlist = getELementByTagName("div");
```

3．getElementsByName( )

getElementsByName( )：通过指定的 name 属性来获取元素，返回即时的 NodeList（节点列表）对象，一般用于获取表单元素的 name 属性。

调用方法如下：

```
var namelist = getELementByTagName(name);
```

4．getElementsByClassName( )

getElementsByClassName( )：根据元素的 class 返回一个即时的集合。

调用方法如下：

```
var elements1 = document.getElementsByClassName(classname);
var elements2 = document.getElementsByClassName("classname1 classname2");
//参数可传入多个 classname，用空格分隔
```

5．querySelector( )

querySelector( )：返回与指定 CSS 选择器相匹配的元素节点，但无法选中 CSS 伪元素。如果有多个节点满足匹配条件，则返回第一个匹配的节点；如果没有发现匹配的节点，则返回 null。

调用方法如下：

```
var ele1 = document.querySelector(".myclass");
```

6．querySelectorAll( )

querySelectorAll( )：返回所有匹配的元素，参数为逗号分隔的多个 CSS 选择器，返回所有匹配中任意一个选择器的元素。

调用方法如下：

```
var elements = document.querySelector(".class1,.class2");
```

7．elementFromPoint( )

elementFromPoint( )：返回位于页面指定位置的元素。如果该元素不可返回，则返回它

的父元素；如果坐标值无意义（如坐标值为负），则返回 null。

调用方法如下：

```
var element = document.elementFromPoint(x,y);
//x 和 y 分别是相对于当前窗口左上角的横坐标和纵坐标，单位是 CSS 像素
```

节点查询 API 示例代码如下：

```
<ol id="province">、
<!-- 有序列表 -->
    <li>四川省</li>
    <li>浙江省</li>
    <li>湖北省</li>
</ol>
<ul id="city">
    <li id="cd" class="south">成都</li>
    <li class="south">杭州</li>
    <li class="north">北京</li>
</ul>
<p>
    <input type="radio" name="click">yes
    <input type="radio" name="click">no
</p>
<script type="text/javascript">
    var ul = document.getElementById("city");
    var lilist = document.getElementsByTagName("li");
    var click = document.getElementsByName("click");
    var classes = document.getElementsByClassName("south north");
    var south = document.querySelector(".north");
    var southall = document.querySelectorAll(".north");
    console.log(lilist);
    console.log(ul);
    console.log(click);
    console.log(classes);
    console.log(south);
    console.log(southall);
</script>
```

运行效果如下图所示：

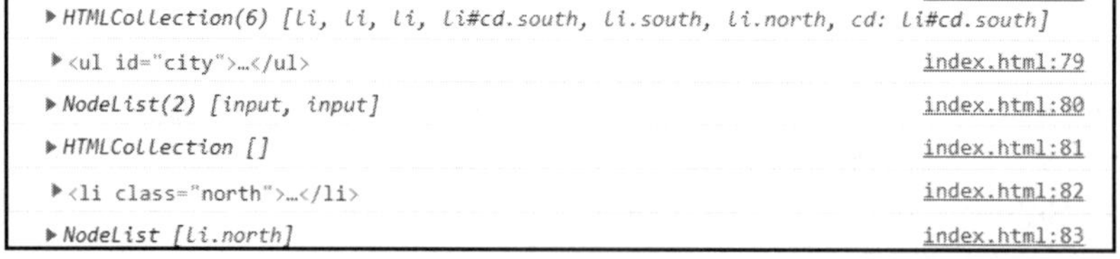

```
▶ HTMLCollection(6) [li, li, li, li#cd.south, li.south, li.north, cd: li#cd.south]    index.html:78
  ▶ <ul id="city">…</ul>                                                               index.html:79
▶ NodeList(2) [input, input]                                                           index.html:80
▶ HTMLCollection []                                                                    index.html:81
  ▶ <li class="north">…</li>                                                           index.html:82
▶ NodeList [li.north]                                                                  index.html:83
```

1.25 JavaScript 如何操纵 DOM 元素属性?

JavaScript 操作 DOM 元素的属性可分为获取属性值、生成新的属性对象节点、设置元素属性名和属性值、删除元素属性、将元素属性生成数组对象等。

1．getAttribute( )

用于获取元素的 attribute 值。

调用方法如下：

```
node.getAttribute("id");
//获取 node 元素的 id 属性的值
```

2．createAttribute( )

用于生成一个新的属性对象节点并返回。

调用方法如下：

```
var attribute = document.createAttribute(name);
//参数 name 是新创建属性的名称
```

3．setAttribute( )

用于设置元素属性。

调用方法如下：

```
var node=document.getElementById("div1");node.setAttribute(name,value);
//name 为属性名称，value 为属性值
```

4．removeAttribute( )

用于删除元素属性。

调用方法如下：

```
node.removeAttribute("id");
```

5．element.attributes( )

将属性生成数组对象。

调用方法如下：

```
var attr = element.attributes;
```

JavaScript 操纵 DOM 元素属性示例代码如下：

```
<div id="box1" style="color: #F00">createAttribute</div>
<script type="text/javascript">
    var box1 = document.getElementById("box1");
    box1.setAttribute("align","center");
    var align1 = box1.getAttribute("align");//让字体居中
    console.log(align1);
    var title = document.querySelectorAll('#box1');
    box1.removeAttribute('style');//移除 style 属性，box1 的文字颜色变回黑色
    var style = document.createAttribute("style");
    style.value = "color: #F00";
    box1.setAttributeNode(style);
    console.log(style);
    console.log(document.getElementById("box1").attributes.length);
</script>
```

运行效果如下图所示：

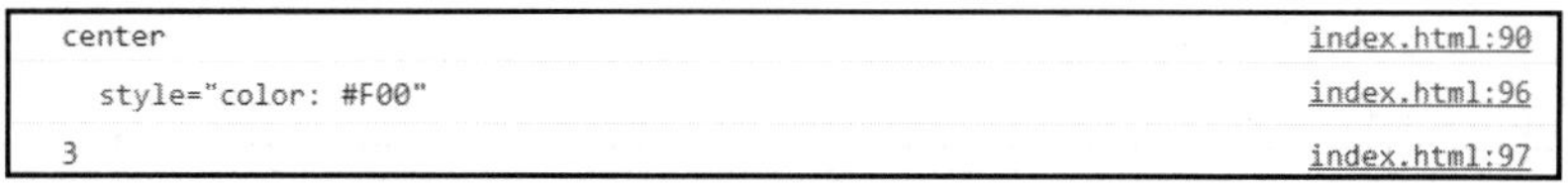

```
center                                          index.html:90
    style="color: #F00"                         index.html:96
 3                                              index.html:97
```

1.26 JavaScript 数组的创建方式有哪些?

数组是用于存储大量数据的有序集合。系统会为每一个存储数组的值规定一个序号,该序号称为下标,数组的下标从 0 开始。

与其他具有明显数据类型的语言不同,JavaScript 数组可以存储任意类型的数据。

JavaScript 创建数组有三种方法,具体如下所述。

1.26.1 字面量表示法

示例代码如下:

```
var arr01 = [];//创建一个空数组
var arr02 = [10];//创建一个包含一项数据为 10 的数组
var arr03 = ["a","b","c"];//创建一个包含三个字符串的数组
console.log(arr01);
console.log(arr02);
console.log(arr03);
```

运行效果如下图所示:

```
▶ []                                               index.js:4
▶ [10]                                             index.js:5
▶ (3) ["a", "b", "c"]                              index.js:6
```

1.26.2 使用 Array( )构造函数

示例代码如下:

```
var arr04 = new Array();//创建一个空数组
var arr05 = new Array("a","b","c");//创建数组并初始化数组的内容选项
console.log(arr04);
console.log(arr05);
```

运行效果如下图所示:

```
▶ []                                               index.js:8
▶ (3) ["a", "b", "c"]                              index.js:10
```

1.26.3 使用 Array(n)构造函数

数组长度 n 可以指定,也可以不指定。

示例代码如下:

```
var arr06 = new Array(2);//创建一个长度为 2 的数组
arr06[0] = "ab";
arr06[1] = 11;
console.log(arr06);
```

运行效果如下图所示:

```
▶ (2) ["ab", 11]                                                     index.js:14
```

1.27 JavaScript 数组函数如何使用?

JavaScript 数组函数在前端开发中应用十分广泛,JavaScript 与 Java 语言之间最大的不同之处在于:JavaScript 中的函数也被视为数据,能够像 Java 中的对象一样操作,且 JavaScript 不进行数据类型检查。

在前端开发中操纵 JavaScript 数组的方法包括数组原型方法和从 object 对象继承的方法,本节介绍数组的原型方法。

1.27.1 pop( )和 push( )

pop( ):删除数组的最后一个元素,减少数组的 length 值,返回值为最后一个元素。

push( ):可以接收任意数量的参数并逐个添加在数组的最后,返回值为数组的最终长度。

示例代码如下:

```javascript
var a1 = ["a","b","c"];
var a2 = a1.pop();//删除数组的最后一位元素,返回值为最后一位元素
console.log(a1);
console.log(a2);
var a3 = a1.push("d","e");//在数组的最后逐个增加数据,返回值为数据的最终长度
console.log(a3);
```

运行效果如下图所示:

```
▶ (2) ["a", "b"]                                                    index.js:19
c                                                                  index.js:20
4                                                                  index.js:23
```

1.27.2 shift( )和 unshift( )

shift( ):删除数组的第一个元素,返回值为第一个元素(如果数组为空则返回 undefined)。

unshift( ):在数组的开始添加数据,返回值为数组的最终长度。

示例代码如下:

```javascript
var a4 = ["a","b","c","d"];
var a5 = a4.shift();//删除数组的第一个元素,返回值为第一个元素
var a6 = a4.unshift("e","f");//在数组的开始添加数据,返回值为数组的最终长度
console.log(a4);
console.log(a5);
console.log(a6);
```

运行效果如下图所示：

```
▶ (5) ["e", "f", "b", "c", "d"]                    index.js:29
a                                                  index.js:30
5                                                  index.js:31
```

1.27.3　join( )

join(separator)：将数组的元素组成一个字符串，以 separator 为分隔符。该方法只接收一个参数即分隔符，当参数省略时默认以逗号为分隔符。返回值为用户输入的连接符连接后的数组元素，类型为 string。

示例代码如下：

```
var a7 = [1,2,3,4];
var a8 = a7.join();//省略，以逗号为分隔符
var a9 = a7.join("-");//以-为分隔符
console.log(a7);//原数组不变
console.log(a8);
console.log(a9);
```

运行效果如下图所示：

```
▶ (4) [1, 2, 3, 4]                                 index.js:37
1,2,3,4                                            index.js:38
1-2-3-4                                            index.js:39
```

1.27.4　sort( )

sort( )：按升序排列数组项，即最小的值位于最前面，最大的值位于最后面。在排序时 sort( )会调用每个数组项的 toString( )转型方法，然后比较转型后得到的字符串。因此，即使数组中的每一项都是数值，比较的也是字符串。

示例代码如下：

```
var a10 = [11,4,23,67];
console.log(a10.sort());
var a11 = ["a","d","c","b"];
console.log(a11.sort());
```

运行效果如下图所示：

```
▶ (4) [11, 23, 4, 67]                              index.js:43
▶ (4) ["a", "b", "c", "d"]                         index.js:45
```

1.27.5　reverse( )

reverse( )：将原数组的元素倒序排列，返回值为倒序后的数组。

 注意 --

原数组已经被倒序。

示例代码如下：

```
var a12 = ["e","d","c","b","a"];
console.log(a12.reverse());
console.log(a12);
```

运行效果如下图所示：

```
▶ (5) ["a", "b", "c", "d", "e"]                        index.js:49
▶ (5) ["a", "b", "c", "d", "e"]                        index.js:50
```

1.27.6 splice( )

splice( )：将数组中指定位置的数据进行替换、删除和插入，返回值为删除掉的元素（如果没有删除元素则返回空数组）。

splice( )的格式如下：

删除：splice(删除的第一项的位置,删除的项数)

插入：splice(起始位置,要删除的项数,要插入的项)

替换：splice(起始位置,要替换的个数,替换的数值)

示例代码如下：

```
var a13 = [1,2,3,4,5];
console.log(a13.splice(0,2));//3,4,5    删除掉的元素为1，2
console.log(a13.splice(0,0,1,2,3));//1,2,3,3,4,5 无删除掉的元素
console.log(a13.splice(1,1,3));//1,3,3,3,4,5    删除掉的元素为2
console.log(a13);
```

运行效果如下图所示：

```
▶ (2) [1, 2]                                            index.js:54
▶ []                                                    index.js:55
▶ [2]                                                   index.js:56
▶ (6) [1, 3, 3, 3, 4, 5]                                index.js:57
```

1.27.7 slice( )

slice( )：返回原数组中从指定的开始下标到结束下标之间的项组成的新数组，可接收一个或者两个参数。若 slice( )接收两个参数，即返回项的起始位置和结束位置，则返回值为起始和结束位置之间的项（包括起始位置的项）。若 slice( )只接收一个参数，则返回从参数指定位置到数组末尾的所有项。

示例代码如下：

```
var a14 = [1,3,5,7,9,11];
console.log(a14.slice(2));//5,7,9,11
console.log(a14.slice(1,4));//3,5,7
console.log(a14.slice(-4,-2));//负数加上数组长度，再判断 5,7
console.log(a14);//原数组不变
```

运行效果如下图所示：

```
▶ (4) [5, 7, 9, 11]                                     index.js:61
▶ (3) [3, 5, 7]                                         index.js:62
▶ (2) [5, 7]                                            index.js:63
▶ (6) [1, 3, 5, 7, 9, 11]                               index.js:64
```

1.27.8 concat( )

concat( )：数组的元素拼接，参数为(数组名,数组名)，返回值为拼接后的新数组。

示例代码如下：

```
var a15 = [1,2,3];
var a16 = ["a","b"];
console.log(a15.concat(a15,a16));
```

运行效果如下图所示：

```
▶ (8) [1, 2, 3, 1, 2, 3, "a", "b"]                                    index.js:69
```

1.27.9 indexOf( )和 lastIndex( )

indexOf( )：接收两个参数，即要查找的项和（可选的）表示查找起点位置的索引，从数组的开头开始向后查找。

lastIndex( )：接收两个参数，即要查找的项和（可选的）表示查找起点位置的索引，从数组的末尾开始向前查找。

示例代码如下：

```
var a17 =[1,3,4,5,7,4,2,9];
console.log(a17.indexOf(3,0));
console.log(a17.indexOf(4,1));
console.log(a17.indexOf(4,3));
console.log(a17.lastIndexOf(4,7));
console.log(a17.indexOf(8,0));
```

运行效果如下图所示：

```
1                                                                     index.js:73
2                                                                     index.js:74
5                                                                     index.js:75
5                                                                     index.js:76
-1                                                                    index.js:77
```

1.27.10 every( )和 some( )

every( )：检测数组中所有元素是否都符合指定条件。如果有一个元素不满足条件，则返回 false 且停止检测；如果都满足，则返回 true。

some( )：检测数组中的元素是否满足指定条件。如果有一个元素满足条件，则返回 true 并停止检测；如果没有满足条件的元素，则返回 false。

示例代码如下：

```
var arr=[15,20,25,30];
function check(a){
    return a>=18;
}
console.log(arr.every(check));
```

```
console.log(arr.some(check));
```

运行效果如下图所示：

```
false                                                    index.js:84
true                                                     index.js:85
```

1.27.11　fill( )

fill( )：使用固定的值来填充数组。参数为填充的值、开始填充的位置、结束填充的位置，返回值为填充后的数组。

示例代码如下：

```
var arr=["a","b","c","d"];
console.log(arr.fill("e",2,4));
```

运行效果如下图所示：

```
▶ (4) ["a", "b", "e", "e"]                               index.js:89
```

1.27.12　filter( )

filter( )：检测指定的数组中所有符合条件的元素，并返回新的数组。

示例代码如下：

```
var arr=[15,30,20,25];
function check(a){
    return a>=16;
}
console.log(arr.filter(check));
```

运行效果如下图所示：

```
▶ (3) [30, 20, 25]                                       index.js:96
```

1.27.13　find( )和findindex( )

find( )：通过函数判断数组第一个元素的值。当数组元素在测试条件下返回 true 时，返回符合条件的元素，之后的值不会再调用该函数；若没有符合条件的元素，则返回 undefined。

findindex( )：传入一个测试条件，返回符合条件的数组的第一个元素的位置。当数组元素在测试条件下返回 true 时，返回符合条件的元素的索引位置，之后的值不会再调用该函数；若没有符合条件的元素，则返回-1。

示例代码如下：

```
var arr=[30,20,15,25];
function check(a){
    return a>=24;
}
console.log(arr.find(check));
console.log(arr.findIndex(check));
```

运行效果如下图所示：

```
30                                                              index.js:103
0                                                               index.js:104
```

1.27.14   map( )

map( )：通过指定函数处理数组的每个元素，并返回处理后的数组。
示例代码如下：

```
var arr=[36,15,49,25];
console.log(arr.map(Math.sqrt));
```

运行效果如下图所示：

```
▶ (4) [6, 3.872983346207417, 7, 5]                              index.js:108
```

1.27.15   toString( )

toString( )：把数组转换为字符串，并返回结果。
示例代码如下：

```
var arr=[36,15,49,25];
console.log(arr.toString());
```

运行效果如下图所示：

```
36,15,49,25                                                     index.js:112
```

1.28   JavaScript 的 Date 对象如何使用？

Date 对象是 JavaScript 的核心对象之一，可用于处理与时间日期相关的事情，如计算两个时间之间的差值、实现倒计时功能等。

1.28.1   定义 Date 对象

日期对象的定义通常有以下几种创建方式，代码如下：

```
new Date();//自动使用当前日期和时间作为初始值
new Date("month day,year hours:minutes:seconds");
new Date(year,month,day);
new Date(year,month,day,hours,minutes,seconds);
```

1.28.2   获取 Date 对象的各个时间元素

在上述对 Date 对象的定义中可以看出，日期对象的参数包括年、月、日、时、分、秒，在 Date 对象中也提供了获取这些值的方法。具体如下表所示。

方法	描述	方法	描述
getDate( )	从 Data 对象中返回一个月中的某一天（1~31）	setMonth( )	设置 Date 对象中月份(0~11)
getDay( )	从 Data 对象中返回一周中的某一天（0~6）	setFullYear( )	设置 Date 对象中的年份（4 位数字）
getMonth( )	从 Data 对象中返回月份（0~11）	setHours( )	设置 Date 对象中的小时数（0~23）
getFullYear( )	从 Data 对象中以四位数字返回年份	setMinutes( )	设置 Date 对象中的分钟数（0~59）
getHours( )	从 Data 对象中返回小时数（0~23）	setSeconds( )	设置 Date 对象中的秒数（0~59）
getMinutes( )	从 Data 对象中返回分钟数（0~59）	setMilliseconds( )	设置 Date 对象中的毫秒数（0~999）
getSeconds( )	从 Data 对象中返回秒数（0~59）	toSource( )	返回该对象的源代码
getMilliseconds( )	从 Data 对象中返回毫秒数（0~999）	toString( )	把 Date 对象转换为字符串
getTime( )	返回 1970 年 1 月 1 日至今的毫秒数（0~999）	toTimeString( )	把 Date 对象的时间部分转换为字符串
parse( )	返回 1970 年 1 月 1 日午夜到指定日期（字符串）的毫秒数	valueOf( )	返回 Date 对象的原始值
setDate( )	设置 Date 对象中月的某一天(1~31)		

示例代码如下：

```
var today = new Date();
console.log(today.toString());
console.log(today.toTimeString());
console.log(today.valueOf());
console.log(today.getDate());
//获取当前日期的月的某一天
today.setMonth(4);
console.log(today);//设置当前日期的月份
console.log(today.getTime());//获取从1970年1月1日到目前的毫秒数
var full1 = Date.parse("2018/04/19");
console.log(full1var today = new Date();
console.log(today.toString());
console.log(today.toTimeString());
console.log(today.valueOf());
console.log(today.getDate());//获取当前日期的月的某一天
today.setMonth(4);
console.log(today);//设置当前日期的月份
console.log(today.getTime());//获取从1970年1月1日至今的毫秒数
var full1 = Date.parse("2018/04/19");
console.log(full1);
var year = today.getFullYear();
var month = today.getMonth();
var day = today.getDate();
var hour = today.getHours();
var minute = today.getMinutes();
var second = today.getSeconds();
if(month<10) month = "0"+month;
if(day<10) day = "0"+day;
```

```
        if(hour<10) hour = "0"+hour;
        if(minute<10) minute = "0"+minute;
        if(second<10) second = "0"+second;
        var input = "目前时间为："+year+"-"+month+"-"+day+"-"+hour+"-"+minute+"-"+
second+"-"+second+"";
        console.log(input);
        var year = today.getFullYear();
        var month = today.getMonth();
        var day = today.getDate();
        var hour = today.getHours();
        var minute = today.getMinutes();
        var second = today.getSeconds();
        if(month<10) month = "0"+monthif(day<10) day = "0"+dayif(hour<10) hour =
"0"+hourif(minute<10) minute = "0"+minuteif(second<10) second = "0"+secondvar input =
"目前时间为："+year+"-"+month+"-"+day+"-"+hour+"-"+minute+"-"+second+"-"+second+"";
        console.log(input);
```

运行效果如下图所示：

```
Fri May 28 2021 15:40:47 GMT+0800 (中国标准时间)          index.js:156
15:40:47 GMT+0800 (中国标准时间)                          index.js:157
1622187647001                                            index.js:158
28                                                       index.js:159
Fri May 28 2021 15:40:47 GMT+0800 (中国标准时间)          index.js:161
1622187647001                                            index.js:162
1524067200000                                            index.js:164
目前时间为：2021-04-28-15-40-47-47                        index.js:177
```

1.29　JavaScript 的 Math 对象如何使用？

在 JavaScript 中，Math 对象提供多种函数和算术变量用于执行数学任务。Math 对象并不像 Date 对象那样需要先定义一个变量。可以直接通过 Math 来使用它提供的各种属性和运算方法。

1.29.1　Math.random( )

返回一个 0.0～1.0 之间的随机数。
示例代码如下：

```
    var num = Math.random();
    var num = num + 5;
    document.write(num);
```

运行效果如下图所示：

```
5.997659816876048
```

1.29.2　Math.abs( )

返回一个数的绝对值。

示例代码如下：

```
var num = Math.abs(-23.3);
document.write(num);
```

运行效果如下图所示：

```
23.3
```

1.29.3　Math.max( )和 Math.min( )

返回给定参数之间的最大值和最小值。

示例代码如下：

```
var max = Math.max(23,63,16,82,45);
var min = Math.min(23,63,16,82,45);
document.write(max+"</br>");
document.write(min);
```

运行效果如下图所示：

```
82
16
```

1.29.4　取整函数

Math.floor( )：返回小于等于参数且与参数最接近的整数，即向下取整。

Math.round( )：返回参数四舍五入后的整数。

Math.ceil( )：返回大于等于参数且与参数最接近的整数，即向上取整。

示例代码如下：

```
var a = Math.floor(4.3);
var b = Math.ceil(4.3);
var c = Math.round(5.3);
document.write(a+"</br>");
document.write(b+"</br>");
document.write(c);
```

运行效果如下图所示：

```
4
5
5
```

1.29.5　Math.sqrt( )

返回一个数的平方根，若给定参数小于 0，则返回 NaN。

示例代码如下：

```
var arr=[36,15,49,25];
document.write(arr.map(Math.sqrt));
```

运行效果如下图所示：

6,3.872983346207417,7,5

1.29.6　对数、指数、幂函数

Math.exp( )：返回 e 的指数。

Math.log( )：返回参数的自然对数（底为 e）。

Math.pw(x,y)：返回 x 的 y 次幂。

示例代码如下：

```
document.write(Math.exp(3)+"</br>");
document.write(Math.log(2)+"</br>");
document.write(Math.pow(2,3)+"</br>");
```

运行效果如下图所示：

20.085536923187668
0.6931471805599453
8

1.29.7　其他 Math 函数

除上述函数外，Math 对象还包括一系列的三角函数，如 Math.tan( )、Math.asin( )等，具体内容可查阅相关文档。

第二部分 进阶篇

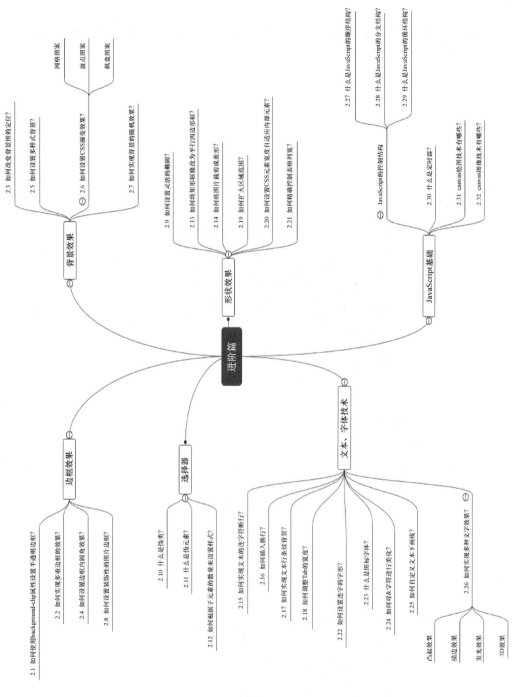

进阶篇

背景效果
- 2.3 如何改变背景图的定位？
- 2.5 如何设置多样式背景？
  - 网格图案
  - 波点图案
  - 棋盘图案
- 2.6 如何设置CSS渐变效果？
- 2.7 如何实现背景的随机效果？

形状效果
- 2.9 如何设置圆角椭圆？
- 2.13 如何将矩形框修改为平行四边形框？
- 2.14 如何将图片裁剪成斜图？
- 2.19 如何扩大区域范围？
- 2.20 如何设置CSS元素宽度自适应内部元素？
- 2.21 如何精确控制表格列宽？

JavaScript基础
- 2.27 什么是JavaScript的顺序结构？
- 2.28 什么是JavaScript的分支结构？
- 2.29 什么是JavaScript的循环结构？
- 2.30 什么是定时器？
  - JavaScript的控制结构
  - 2.31 canvas绘图技术有哪些？
  - 2.32 canvas图像技术有哪些？

边框效果
- 2.1 如何使用用background-clip属性设置半透明边框？
- 2.2 如何实现多重边框的效果？
- 2.4 如何设置边框内圆角效果？
- 2.8 如何设置装饰性的图片边框？

选择器
- 2.10 什么是伪类？
- 2.11 什么是伪元素？
- 2.12 如何根据子元素的数量来设置样式？

文本、字体技术
- 2.15 如何实现文本的连字符断行？
- 2.16 如何插入换行？
- 2.17 如何实现文本行条多背景？
- 2.18 如何调整Tab的宽度？
- 2.22 如何设置连字的字体？
- 2.23 什么是图标字体？
- 2.24 如何对&字符进行美化？
- 2.25 如何自定义文本下画线？
- 2.26 如何实现多种文字效果？
  - 凸起效果
  - 描边效果
  - 发光效果
  - 3D效果

2.1 如何使用 background–clip 属性设置半透明边框？

如果有一个页面给 body 设置了背景图，同时给容器设置了背景色，想要设置一个能够透出 body 背景的半透明边框应该怎么做呢？

首先，可能会想到用半透明颜色，如 hsla( )和 rgba( )。

示例代码如下：

```
background:rgb(197, 107, 107);
border: 10px solid hsla(0,0%, 100%, .5);
```

运行效果如下图所示：

此时背景会渗透到边框所在区域的下层。如何才能得到想要的结果呢？可通过 background- clip 属性来调整。

background-clip 属性有如下三个值。

- border-box：背景被裁剪到边框盒。
- padding-box：背景被裁剪到内边距框。
- content-box：背景被裁剪到内容框。

只需将 background-clip 设为 padding-box，即可用内边距的外沿把背景裁剪掉。

示例代码如下：

```
background:rgb(197, 107, 107);
border: 10px solid hsla(0,0%, 100%, .5);
background-clip: padding-box;
```

于是就可以得到理想的效果，如下图所示：

2.2　如何实现多重边框的效果?

有时希望在网页设计时能够制作出多重边框从而达到美化效果,是否有方案能够灵活地调整边框样式呢?

本节提供两种方案。

2.2.1　box-shadow

对 box-shadow 四个参数进行设置,可以实现多重边框的效果。将阴影尺寸设置为正值,阴影面积增大;将阴影尺寸设置为负值,阴影面积减少。为了实现双重边框的效果,需要先将阴影的偏移量和模糊值设置为 0,再设置 box-shadow 的阴影尺寸。

设置阴影尺寸为 10px,参考代码如下:

```
background-color: skyblue;
box-shadow: 0 0 0 10px #335;
```

运行效果如右图所示。

虽然 border 属性也可以实现相同的效果,但是因为 box-shadow 支持逗号语法,所以可以利用 box-shadow 创建任意数量的投影。例如,可以在刚刚创建的双重边框上再加上一层投影来实现三重边框的效果。

示例代码如下:

```
background-color: skyblue;
box-shadow: 0 0 0 10px #335, 0 0 0 15px pink;
```

运行效果如右图所示。

由于 box-shadow 是层层叠加的,所以第二层投影 15px 的宽度包含第一层投影的 10px 宽度,也就意味着,最终显示出来的第二层边框的宽度是 5px。

利用投影方式实现边框效果不会影响页面布局,也不会受到 box-sizing 属性的影响。为了使边框效果响应鼠标事件,可以给 box-shadow 加上 inset 关键字,使外部阴影改变为内部阴影。

2.2.2　outline

还可以利用 outline 属性来实现多重边框的效果。由于 outline 并不支持逗号语法,所以该方式只能实现双层边框的效果。在网页中得到的效果与前面是完全相同的。如果想实现三层边框的效果,需要再添加一层 border 样式。

与 box-shadow 方案相比,outline 方案的优点在于可以灵活修改边框的样式,并且利用 outline-offset 属性可以修改边框和元素之间的间距。如果将这个间距设置为负值,那么边框将处于元素的内部。如此可以得到缝边的效果。

示例代码如下:

```
background-color: skyblue;
outline: 4px dashed #335;
outline-offset: -10px;
```

运行效果如下左图所示:

因为 outline 方案实现的边框不能贴合圆角,所以如果某个元素已经使用 border-radius 属性生成了圆角,采用 outline 属性就不能得到理想中的双重边框的效果了。运行效果如下中图所示。

但是如果使用 box-shadow 属性,这个问题就迎刃而解了。运行效果如下右图所示。

2.3 如何改变背景图的定位?

在设置网页样式时,可以将任意 HTML 标签想象成一个矩形盒子,其有 4 个顶角。在背景图的设置中,希望得到背景图相对于盒子某一个角上下左右的偏移定位,应该如何操作呢?

(1)在 CSS2 中的解决方案

对于具有固定尺寸的盒子容器而言,使用 CSS2 的 background-position 属性设置背景图相对某个角的偏移量即可;但是 CSS2 中偏移相对于左上角位置固定后,值也固定了。但是,对于无固定宽度的网页,这种方案就不可取。

(2)在 CSS3 中的解决方案

可以使用 background-position 的扩展属性,但需要在属性前指明关键字。例如,让背景图居于右下角,应怎么处理呢?

下面以距右边缘 20px,距下边缘 10px 为例。

示例代码如下:

```
background: url(images/99.PNG) no-repeat #987654;
background-position: right 20px bottom 10px;
```

运行效果如下图所示:

如果背景图位置属性在浏览器中无法正确显现，就需要给 background 添加定位值属性，如 top、bottom、left、right。

示例代码如下：

```
background: url(images/99.PNG) no-repeat right bottom #987654;
background-position: right 20px bottom 10px;
```

运行效果图如前图所示。

如果想使偏移量和容器的内边距保持一致，第一种方案是使用上面的 background-position，第二种方案是使用 background-origin。第一种方案就是设置属性值，下面主要介绍第二种方案。

background-origin 规定 background-position 属性相对于什么位置来定位。属性值参考下面所示的盒子类型。

background-origin: content-box| padding-box| border-box。

- content-box：背景图相对于内容框来定位。
- padding-box：背景图相对于内边距框来定位。
- border-box：背景图相对于外边框来定位。

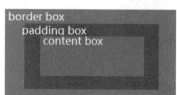

运行效果如右图所示。

更改需求，将背景图设置为距离边框 10px。

示例代码如下：

```
background: url(images/99.PNG) no-repeat #987654;
background-origin: content-box;
padding: 10px;
```

运行效果如下图所示：

采用这种方案，只需改变 padding 的值就能够改变背景图距离边框的距离。

通常情况下，可将 background-position 和 background-origin 联合使用。

2.4　如何设置边框内圆角效果?

有时需要为一个容器添加一个边框的外侧角为普通的直角，而内侧为圆角的边框效果。如后图所示，应该如何操作？

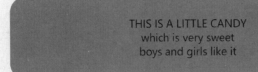

通过之前的学习可知，使用两个元素可以实现上图效果。

首先给一个元素添加黄色背景，接着在该元素内部添加另一个元素。最后，给内部元素添加蓝色背景，应用 border-radius 形成圆角的样式。

示例代码如下：

```
<div class="candy"><div>
...
</div></div>
.candy {
  background : yellow;
  padding : 60px;
}
.candy > div {
  background : blue;
  border-radius : 48px;
}
```

在设置页面时，上述使用两个元素的方案较为烦琐。有没有只使用一个元素就能达到此效果的方法呢？

有。可将 box-shadow 和 outline 属性联合使用。

单独使用 box-shadow 的效果，示例代码如下：

```
.candy {
  background : blue;
  border-radius : 48px;
  box-shadow : 0 0 0 30px yellow;
}
```

运行效果如下图所示：

由上图可知，box-shadow 跟随圆角容器生成了一个圆角边框，得到了内外侧边框都为圆角的效果。

另外，可以尝试使用 outline 来生成直角边框。

示例代码如下：

```
outline: 60px solid yellow;
```

运行效果如下图所示：

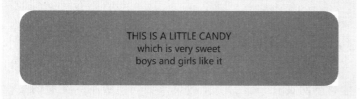

使用相同颜色的 box-shadow，将 outline 边框的内侧空隙填满，就能够实现最终效果。示例代码如下：

```
.candy {
    background : blue;
    border-radius : 48px;
    outline : 60px solid yellow;
    box-shadow : 0 0 0 30px yellow;
}
```

可以发现，box-shadow 的扩展值有一定限制。扩展值太大，就会超出边框从而让边框外侧变形，而太小则不能填满缝隙。先将 box-shadow 的颜色设置为红色，可以更容易理解这个问题，如下图所示：

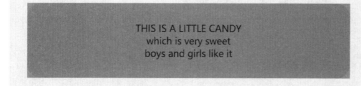

那么什么扩展值才是合适的呢？

为了不超过 outline 的宽度，box-shadow 的扩展值不得大于 outline 的扩展值，如下图所示：

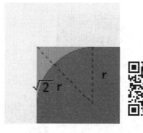

同时，扩展值也要完全覆盖内侧 outline 所覆盖不到的圆角附近的区域，否则就会产生前面出现的空白区域。

由上图可以看出，box-shadow 的扩展值至少要大于边框内角到以容器相应圆角为一段圆弧的圆心之间的距离（根据勾股定理，该距离等于 $\sqrt{2}$ 倍的 border-radius 值）减去圆角半径 border-radius 的值，即 $\sqrt{2}-1$ 倍的 border-radius 值。

按照上述的范围设置好 box-shadow 的值后，最终得到的效果和本节第一幅图一致。

2.5　如何设置多样式背景？

设置多样式的背景对于网页有一定的美化效果，如何生成不同类型的条纹样式背景呢？有如下方案。

2.5.1　生成条纹背景

首先，生成两色的渐变背景。

示例代码如下：

```
background:linear-gradient(rgb(8, 134, 8),#58a);
```

运行效果如下图所示：

由上图可知，背景颜色从 rgb(8, 134, 8)逐渐变化为#58a，此处使用函数 linear-gradient( )。

linear-gradient( )函数用于创建一个表示两种或多种颜色线性渐变的图片，不指定方向时默认从上到下渐变。尝试把渐变部分的区域变窄为总高的 60%，示例代码如下：

```
background:linear-gradient(rgb(8, 134, 8) 20%,#58a 80%);
```

运行效果如下图所示：

此时背景 20%顶部区域为 rgb(8, 134, 8)实色，20%底部区域为#58a 实色，中间的 60%

的区域则是从 rgb(8, 134, 8)逐渐变化为#58a 的渐变色。从这个例子可以看出，可以指定背景发生渐变的区域。

如果这两个色标的位置相同，运行效果如下图所示：

当两个色标位置相同，它们之间的过渡区域是无限小的，这个区域的起始颜色和结束颜色分别是第一个值和最后一个值。最后看到的结果就是两个颜色在指定位置发生突变。

2.5.2　修改背景大小

background-size 属性用于指定背景大小，下面将使用代码调整背景尺寸。

示例代码如下：

```
background:linear-gradient(rgb(8, 134, 8) 50%,#58a 50%);
background-size:100% 30px ;
```

运行效果如下图所示：

此时两种条纹的宽度都为 15px，这是因为此时背景大小的高设置为 30px，两种颜色各分一半，所以只有 15px。背景在默认情况下是重复平铺的，整个区域都会被填满这两种水平条纹。通过调整色标的位置，可以生成宽度不等的条纹。

在整个列表中，若一个色标的位置值比在它之前的色标的位置值都要小，该色标的位置会自动变为它前面所有色标位置的最大值。当把第二个颜色的色标值设置为 0 时，它的位置就会被调整为第一个色标的位置值。因此，下面这两组代码产生的结果是一样的。

示例代码如下：

```
background:linear-gradient(rgb(8, 134, 8) 20%,#58a 20%);
background-size:100% 30px ;

background:linear-gradient(rgb(8, 134, 8) 20%,#58a 0);
background-size:100% 30px ;
```

这两组代码相比较，第二种更简洁，只需要修改一个数值，就可以改变两个条纹的宽度比，而第一种则需要改变两个值。

创建 3 种颜色的水平条纹的方法和 2 种颜色的水平条纹的方法相似，只需在 linear-gradient( )函数中添加一种颜色即可。

示例代码如下：

```
    background-image: linear-gradient(#fb3 33.3%,#58a 0,#58a 66.6%, rgb(11, 196,
125) 0);
    background-size:100% 30px;
```

运行效果如下图所示：

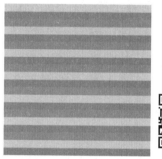

2.5.3 生成垂直条纹

默认条件下，linear-gradient( )函数是在水平方向上渐变的，只需加上参数值 to right 即可将水平条纹变为垂直条纹。

示例代码如下：

```
    background:linear-gradient(to right,rgb(8, 134, 8) 50%,#58a 0);
```

背景大小设置也使用同样方法。

示例代码如下：

```
    background-size:30px 100% ;
```

这样可以实现垂直条纹的重复平铺效果，如下图所示：

2.5.4 生成斜向条纹

生成斜向条纹的方法是给 linear-gradient 添加角度值。

想要在渐变的方向上做更多的控制，可以定义一个角度，预定义的方向有 to bottom、

to top、to right、to left 等。角度是指水平线和渐变线之间的角度，以逆时针方向计算。0deg 将创建一个从下到上的渐变，90deg 将创建一个从左到右的渐变。

示例代码如下：

```
background:linear-gradient(45deg,rgb(8, 134, 8) 50%,#58a 50%);
background-size:30px 30px ;
```

以上代码可以实现 45°条纹，但这与想要的效果是不同的，如下图所示：

为了解决这个问题，需要做出改变。只有无缝衔接的图像才能生成斜向条纹，所以这里需要增加一些色标才能实现常用的条纹背景。同时，还需要勾股定理来计算背景大小，对于 45°直角三角形，斜边大小是直角边长度的 $\sqrt{2}$ 倍，此时 background-size 可以指定为 $2 \times 15 \times \sqrt{2}$，约为 42px。

示例代码如下：

```
background:linear-gradient(45deg,rgb(8, 134, 8) 25%,#58a 0,#58a 50%,rgb(8, 134,
8) 0,rgb(8, 134, 8) 75%,#58a 0);
background-size:42px 42px ;
```

这样就可以得到想要的斜向条纹效果，如下图所示：

2.5.5　实现更多角度的渐变条纹

对于上面的 45°条纹，可以通过简单代码实现。但是对于 30°、60°的条纹，如果采用上面的 linear-gradient( )函数，函数值会变得很复杂。

CSS 提供了循环式的函数 repeating-linear-gradient( )和 repeating-radial-gradient( )。
- repeating-linear-gradient( )函数用于创建重复的线性渐变"图像"；
- repeating-radial-gradient( )函数用于创建重复的径向渐变"图像"，这种循环性函数可以随意修改渐变的角度值，不需要使用勾股定理进行复杂计算。

下面实现一个 60°的斜向渐变。

示例代码如下：

```
background: repeating-linear-gradient(60deg, rgb(8, 134, 8),rgb(8, 134, 8)
15px, #58a 0,#58a 30px);
```

运行效果如下图所示：

因此对于多角度渐变，包括 45°渐变，可以直接使用 repeating-linear-gradient( )，不需要计算，比使用 linear-gradient( )函数更简洁，操作性更强。

2.5.6　使用一种颜色实现同色系条纹

同色系是指差异不大的颜色组合，下面使用两种颜色实现这种条纹。

示例代码如下：

```
background: repeating-linear-gradient(30deg,#79b,#79b 15px, #58a 0, #58a 30px);
```

运行效果如下图所示：

也可以只使用一种颜色实现这个条纹。

CSS 提供了一种方法：把较深的颜色设置为背景色，然后在深色背景上叠加一个半透明的白色条纹背景，这样可以得到浅色条纹。

示例代码如下：

```
background-color: #5588aa;
background-image: repeating-linear-gradient(30deg,hsla(0,0%,100%,.1),
hsla(0,0%,100%,.1) 15px,transparent 0,transparent 30px);
```

运行效果如下图所示：

使用第一种方法时需要修改 4 个地方色标，但是使用第二种方法只需要修改一个色标就可以实现其他色系的斜向条纹。

2.6　如何设置 CSS 渐变效果？

前面使用了 CSS 渐变制作条纹背景。其实，CSS 渐变的用途不止于此，例如，可以使用渐变属性将多个渐变图案结合创造出丰富多彩的图案。

2.6.1　设置网格图案

网格图案是由竖直和水平的条纹组合而成的。因此，可以利用 linear-gradient( )属性将多个渐变图案组合实现网格图案。

示例代码如下：

```
background-color:gainsboro;
background-image: linear-gradient(90deg,rgba(200,0,0,.5) 50%, transparent 0),
linear- gradient(rgba(200,0,0,.5) 50%,transparent 0);
background-size: 30px 30px;
```

这样可以实现网格图案的创建，如下图所示：

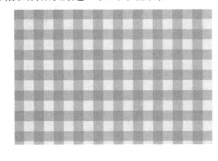

2.6.2　设置波点图案

设置波点图案需要创建圆形，因此需要用到径向渐变 radial-gradient( )属性。

示例代码如下：

```
background-color: #fff;
background-image: radial-gradient(pink 30%,transparent 0);
background-size: 50px 50px;
```

运行效果如下图所示：

虽然得到了一个波点图案，但这样的图案并不常用。

可以使用两层背景，通过改变它们的定位，将两层背景中的圆点错开。改变背景定位需要用到 background-position 属性，它可设置背景图的起始位置。

示例代码如下：

```
background-color: #fff;
background-image: radial-gradient(pink  30%,transparent 0),
                  radial-gradient(pink 30%,transparent 0);
background-size: 50px 50px;
background-position: 0 0,25px 25px;
```

运行效果如下图所示：

显然，这样的波点图案更实用。

2.6.3　设置棋盘图案

先通过两个不同颜色的方块相互间隔组合成一个贴片，再将贴片平铺形成棋盘图案。

首先，会想到用四周有空隙的方块来做棋盘图案。

如何形成四周有空隙的方块呢？

可以用两个直角三角形拼接形成一个方块。当两个颜色不同的方块错落摆放时就能形成一个棋盘图案的贴片，因此需要将直角三角形的边长设置为贴片边长的 25%。

步骤 1：生成一层平铺的直角三角形。

示例代码如下：

```
background:rgb(248, 248, 222);
background-image: linear-gradient(45deg,rgb(223, 210, 210) 25%,transparent 0);
background-size: 50px 50px;
```

运行效果如下图所示：

步骤2：在原来的基础上再生成一层平铺的反方向的直角三角形。

示例代码如下：

```
background:rgb(248, 248, 222);
background-image: linear-gradient(45deg,rgb(223, 210, 210) 25%,transparent 0),
linear-gradient(45deg,transparent 75%,rgb(223, 210, 210) 0);
background-size: 70px 70px;
```

运行效果如下图所示：

步骤3：将第二层渐变分别在竖直和水平方向移动贴片长度的一半。

示例代码如下：

```
background:rgb(248, 248, 222);
background-image: linear-gradient(45deg,rgb(223, 210, 210) 25%,transparent 0),
linear-gradient(45deg,transparent 75%,rgb(223, 210, 210) 0);
background-size: 70px 70px;
background-position: 0 0,35px 35px;
```

最终得到一个四周有空隙的方块平铺图，如下图所示：

上面得到的结果只是棋盘图案的一半，还需将现有的渐变复制一份，改变它们的定位

值，就能得到一幅完美的棋盘图案。

示例代码如下：

```
background:rgb(248, 248, 222);
background-image: linear-gradient(45deg,rgb(223, 210, 210) 25%,transparent 0),
linear-gradient(45deg,transparent 75%,rgb(223, 210, 210) 0),
linear-gradient(45deg,rgb(223, 210, 210) 25%,transparent 0),
linear-gradient(45deg,transparent 75%,rgb(223, 210, 210) 0);
background-size: 70px 70px;
background-position: 0 0,35px 35px,35px 35px,70px 70px ;
```

运行效果如下图所示：

2.7　如何实现背景的随机效果?

如果想要得到更自然的背景图案，就不能让图案进行简单的重复平铺。例如，采用 CSS 渐变的方法得到具有 4 种不同颜色和尺寸的条纹图案，然后将它们重复平铺，这些不同条纹的重复规律十分明显，使整个图案看起来并不自然。

示例代码如下：

```
background: linear-gradient(90deg, skyblue 15%, #335 0, #335 40%, pink 0, pink
65%, hsl(20, 40%, 90%) 0);
background-size: 80px 100%;
```

运行效果如下图所示：

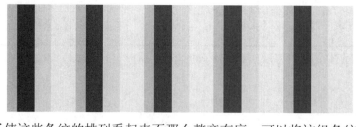

为了使这些条纹的排列看起来不那么整齐有序，可以将这组条纹拆分开。一种颜色作为底色并处于底层，剩余的三种颜色作为条纹并将它们一层层叠加在底色之上；再让这些条纹以不同的间距重复平铺来实现随机的效果。

同时，可以利用 background-size 属性来控制条纹的间距。为了使重复规律不那么容易被发现，需要给顶层的条纹设置最大的间距。

示例代码如下：

```
background: hsl(20, 40%, 90%);
background-image: linear-gradient(90deg, skyblue 10px, transparent 0),linear-
gradient(90deg, #335 20px, transparent 0),  linear- gradient(90deg, pink 20px,
transparent 0);
background-size: 80px 100%, 60px 100%, 40px 100%;
```

运行效果如下图所示：

　　虽然与第一幅图相比，上图更具有随机性。但是仔细观察，仍然可以发现条纹重复的拼接处。将图片重复的间距和设置的 background-size 进行比较，可以发现重复的间距恰好是所有 background-size 的最小公倍数。

　　根据上述的规律，选择的 background-size 的最小公倍数越大，图案重复的间距就越大，得到的图案就会越随机。因为除 1 和自身外，质数不能被其他任何数字整除，所以利用质数的这一特性可以解决我们的问题。

　　最简单的方法是将 background-size 都设置为质数。虽然这些图片还是会在某一个位置开始重复，但是可以使图片重复的间距比屏幕的分辨率更大。在这种情况下，将难以在浏览器显示的页面中找到图片的拼接处。

示例代码如下：

```
background: hsl(20, 40%, 90%);
background-image: linear-gradient(90deg, skyblue 10px, transparent 0),
                linear-gradient(90deg, #335 20px, transparent 0),
                linear-gradient(90deg, pink 20px, transparent 0);
background-size: 41px 100%, 53px 100%, 71px 100%;
```

运行效果如下图所示：

2.8 如何设置装饰性的图片边框？

在之前的学习中，常将图片设置为背景图，下面尝试将图片应用于边框。例如，想做出下图所示的信封效果：

就需要给元素设置一圈装饰性的边框，其原理就是将图片裁剪到边框所在的边缘区域。如果希望能设置元素尺寸的同时边框效果能跟着自动变化，应如何做呢？

CSS 提供了一种新的方法，可以简便地达到目的。使用两层图片相互叠加，下层为背景图，上层为实色背景，使下层的图片背景透过边框显示出来。

示例 HTML 代码如下：

```html
<div class="box">
    <div>
        用图片作为一个元素的边框
    </div>
</div>
```

示例 CSS 代码如下：

```css
.box{
    width: 500px;
    background: url(images/pro1.png);
    background-size: cover;
    padding: 1em;
}
.box > div{
    background: white;
    padding: 1em;
}
```

其中，background-size 是指检索或设置对象的背景图的尺寸，属性值 cover 是指将背景图等比缩放到完全覆盖容器。

运行效果如下图所示：

用图片作为一个元素的边框

上图显示成功地将图片设置成为边框，但在这里使用了两个元素标签，代码也不够优化。下面介绍使用一个标签达到要求的方法。

示例 HTML 代码如下：

```html
<div class="box2">
    这里使用一个元素来实现将图片作为边框
</div>
```

示例 CSS 代码如下：

```
.box2{
        width: 500px;
        padding: 1em;
        border: 1em solid transparent;
        background: linear-gradient(white,white), url(images/pro1.png);
        background-size: cover;
        background-clip: padding-box, border-box;
        background-origin: border-box;
    }
```

background-clip 指定对象的背景图向外裁剪的区域，它有四个属性值：padding-box、border-box、content-box、text。得到的效果图和上图完全一样，但在代码优化上做了改进。

运用上述方法完成这节开始提出的问题，制作一个老式信封的边框。

HTML 代码和上述一样，主要给出 CSS 的代码如下：

```
.box3 {
        width: 300px;
        height: 200px;
        padding: 1em;
        border: 1em solid transparent;
        background: linear-gradient(white, white) padding-box, repeating-
linear-gradient(-45deg, red 0, red 12.5%, transparent 0, transparent25%,#58a 0, #58a
37.5%,transparent 0,transparent 50%) 0 / 6em 6em;
    }
```

上述代码通过页面显示如下图所示：

2.9　如何设置灵活的椭圆？

在实际开发中常常需要能够灵活地设置椭圆的样式，但设置灵活的椭圆并非一件容易的事。首先，我们猜想能否制作圆形，再在圆形的基础上稍加修改制作椭圆。

例如，当为一个矩形容器添加 border-radius 属性时，可以将矩形的直角转化为圆角。只要该矩形容器为正方形，且设置的 border-radius 值足够大，就可以做出一个圆的效果，如下图所示：

示例代码如下：

```
background: green;
width: 300px;
height: 300px;
border-radius: 150px;
```

只要设置 border-radius 的值为大于等于正方形容器的宽高值的一半，就可以生成一个圆，宽高不等的矩形容器生成一个椭圆，但是一个固定像素的 border-radius 值将无法始终保证生成圆形效果。例如，单独增加这个正方形的宽度到 500px，此时 150px 的 border-radius 值已经无法达到宽度的一半了，会出现下面的崩坏局面。

示例代码如下：

```
background: green;
width: 500px;
height: 300px;
border-radius: 150px;
```

运行效果如下图所示：

在实际的网页开发中，很多时候需要对容器大小进行调整，如果使用固定像素值的 border-radius，则很容易出现崩坏局面。于是，希望可以做出一个自适应的圆形效果，即让 border-radius 能够时刻生成一个圆或者椭圆。那么，border-radius 是否可以产生一个自适应的椭圆呢？

2.9.1 设置自适应椭圆

现在，先尝试制作一个椭圆。制作椭圆很简单，用一个长方形容器就可以了。

示例代码如下：

```
background: green;
width: 500px;
height: 300px;
border-radius: 250px / 150px;
```

运行效果如下图所示：

在上图中，实现了一个简单的椭圆。而要让它能够始终适应容器尺寸的变化其实也很简单，因为 border-radius 不仅可以像素为单位，也可使用百分比值。也就是说，只要把每个角的 border-radius 值设置为 50%以上，就可以保证长方形容器的每条边上不再有直线，从而形成一个椭圆。

示例代码如下：

```
background: green;
width: 500px;
height: 300px;
border-radius: 50% / 50%;
```

使用百分比值后发现，无论容器尺寸如何调整，都能够生成一个椭圆或者圆形，即这个椭圆具有自适应的性质。

2.9.2 设置自适应半椭圆

既然自适应问题可以通过为 border-radius 设置百分比值来解决，那么，现在可以尝试制作一个自适应的半椭圆，如下图所示：

下面分析半椭圆是怎么实现的。

半椭圆的基础一定是一个矩形容器，这个矩形容器应用了 border-radius，但每一个角的 border-radius 值并不相同。从水平方向上看，左上角和右上角的水平圆角半径各占据矩形容器上边长的 50%（两者的圆角半径值大于 50%产生的是同样的效果）。从垂直方向上看，左上角和右上角的垂直圆角半径占据了矩形高度的 100%，而左右下角的垂直圆角半径值为 0。

示例代码如下：

```
background: green;width: 500px;
height: 300px;
border-radius: 50% 50% 0 0 / 100% 100% 0 0;
```

由于左右下角的垂直圆角半径值已经为 0 了，所以这时即使它们的水平圆角半径值为 50%，也不会对效果及其自适应性造成实质性的影响。因此，border-radius 代码可以改写为如下形式：

```
border-radius: 50% / 100% 100% 0 0;
```

同理，可以用类似的方法制作下图形式的半椭圆效果：

2.9.3　设置四分之一椭圆

四分之一椭圆如下图所示：

使用与分析半椭圆类似的方法对这个效果进行分析，会发现，在这个四分之一椭圆的基础矩形容器中，只有左上角发生了变化，而且左上角的圆角半径值（水平和垂直两个方向的半径值）为 100%。

示例代码如下：

```
background: green;
width: 500px;
height: 300px;
border-radius: 100% 0 0 0/ 100% 0 0 0;
```

这段代码的 border-radius 可以稍加简化如下：

```
border-radius: 100% 0 0 0;
```

在网站中，或许可以给不同角的 border-radius 指定不同的值，从而实现一些新奇的形状，甚至可以添加一些其他效果让这个形状看起来更加立体，进而应用到网页中制作一些交互按钮的外观样式等。

示例代码如下：

```
background: linear-gradient(45deg,green 0,white 75%);
width: 500px;
height: 300px;
border-radius: 30% 0 30% 0/ 100% 0 100% 0;
box-shadow: 0 10px 20px 0;
box-shadow: gray;
```

由下图可知，以上这段代码实现的效果看起来是一个立体的新奇图形。如果添加一些文字等元素在上面，就更像一个交互按钮了。

2.10　什么是伪类?

伪类用于定义元素的特殊状态。可以利用伪类设置超链接的样式，还可以利用伪类设置鼠标指针在元素上悬停时元素的样式等。下面是几个常用伪类选择器。

2.10.1　:hover 伪类

:hover 伪类选择器用于设置鼠标指针悬停时元素的样式。例如，准备一个盒子，当鼠标指针悬停在盒子上时背景样式发生改变。

示例代码如下：

```
div{
    width: 300px;
    height: 300px;
    background-color: rgb(126, 178, 226);
}
div:hover{
    background:linear-gradient(45deg,transparent 0 ,lightblue 75%);
}
```

鼠标指针离开时的样式，如下左图所示。

鼠标指针悬停时的样式，如下右图所示。

2.10.2　:nth-child(n)伪类

:nth-child(n)伪类选择器表示选择其父元素中的第 n 个子元素，无论子元素的类型是什么?

例如，设置一个< ul >标签，里面包含多个< li >标签，在多个< li >标签前设置一个< h1 >标签。可以选择其中一个< li >标签，改变它的样式。

示例代码如下：

```
li{
    width: 20px;
    height: 20px;
```

```
        background-color: rgb(176, 226, 233);
        margin: 5px;
        list-style: none;
        float: left;
    }
    li:nth-child(3){
        background-color: rgb(119, 119, 119);
    }
```

运行效果如下图所示：

另外，:nth-child(n)选择器也可用于选择父元素中的第奇数或第偶数个子元素改变其样式。

示例代码如下：

```
    li:nth-child(odd){
        background-color: rgb(119, 119, 119);
    }
```

选择奇数个子元素，效果如下图所示：

2.10.3 :nth-of-type(n)伪类

:nth-of-type(n)伪类选择器选择其父元素的特定类型的第 *n* 个子元素，与:nth-child(n)伪类选择器类似，但:nth-of-type(n)伪类选择器可以选择特定类型。

例如，同样设置一个<ul>标签，在多个<li>标签前设置一个<h1>标签，选择第二个<li>标签改变其样式。

示例代码如下：

```
    li:nth-of-type(2){
        background-color: rgb(119, 119, 119);
    }
```

运行效果如下图所示：

同样，:nth-of-type(n)伪类选择器也可以选择第奇数或第偶数个子元素，效果与:nth-child(n)伪类选择器相同。

2.11　什么是伪元素？

伪元素代表某个元素的子元素，这个子元素在逻辑上存在，但实际上并不在文档树中。CSS 中，伪元素用于设置元素指定部分的样式。例如，设置元素的首字母、首行的样式或在元素的内容前或后插入内容。

伪元素的语法如下：

```
selector::pseudo-element {
property: value;
}
```

2.11.1 ::first-line 伪元素

::first-line 伪元素用于向文本的首行添加特殊样式，但只能在块级元素中使用。

给<div>标签添加 ::first-line 伪元素。

示例代码如下：

```
div::first-line{
        color: rgb(231, 33, 33);
        }
<div>
使用 first-line 给文本首行添加样式。<br>这句话没有发生样式变化。
</div>
```

运行效果如下图所示：

2.11.2 ::first-letter 伪元素

::first-letter 伪元素用于向文本的首字符添加特殊样式，与 ::first-line 伪元素一样，::first-letter 伪元素也只能用在块级元素中。

下面给文本内容的第一个字添加颜色并修改大小。

示例代码如下：

```
div::first-letter {
                color: rgb(231, 33, 33);
                font-size: x-large;
                }
```

运行效果如下图所示：

2.11.3 ::before 和::after 伪元素

::before 伪元素用于在元素内容前插入内容，而 ::after 伪元素是在元素内容后插入内容，常用在图片的添加上。

示例代码如下:

```
<div>
    <input type="text" placeholder="搜索">
</div>
```

在文本框前面添加伪元素图片。

示例代码如下:

```
div::before{
        content: url(搜索.png);
        }
```

运行效果如下图所示:

在文本框后面添加伪元素图片。

示例代码如下:

```
div::after{
        content: url(搜索.png);
        }
```

运行效果如下图所示:

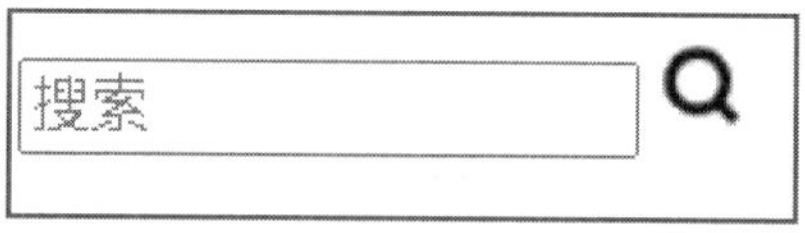

在以后的学习中会发现，伪元素能给代码编写带来很大的便利。

2.12 如何根据子元素的数量来设置样式?

一般情况下，若想找到 HTML 中某个标签，则需要给这个标签确定类名（class 名）或者地址（id），然后利用类名选择器或地址选择器选中操作标签。如果 HTML 中有多个列表，其中每个列表有多个子标签且标签名相同，使用上面方案会出现命名困难。

解决方案如下。

使用 CSS 的:nth-child(n)伪类选择器（包括:nth-of-type(n)）可以实现按元素数量来设置样式。下面所有 HTML 结构都是每一行代表一个 ul 列表，每一个色块代表一个 li 元素。而只有一个元素时，可以使用:only-child 属性，它表示选择的是唯一子元素的 li 元素。:only-child 等效于:first-child:last-child，一个元素既是第一个，也是最后一个，就表示只有它一个子元素。

示例代码如下:

```
li:only-child{
        background: #c80caa;
        }
```

显示列表中只有一个子<li>标签的 ul 列表。

示例代码如下：

```
// :only-child 表示：选中是唯一子元素的 li 元素
li:first-child:last-child{
        background: #c80caa;
        }
```

运行效果如下图所示：

按照这个思路，如果一个元素既是第一个，又是倒数第 n 个，就表示这个父元素中共有 n 个子元素。E:nth-last-child(n)用于匹配父元素的倒数第 n 个子元素 E，如果匹配到的不是元素 E，则选择无效。

示例代码如下：

```
// 选择只有 3 个子元素的 ul 中的第一个<li>标签和只有 5 个子元素的 ul 中的第一个<li>标签
li:first-child:nth-last-child(3),
li:first-child:nth-last-child(5){
background: #c80caa;
    }
```

运行效果如下图所示：

使用组合兄弟选择器"~"可以选中所有的<li>标签。例如，选择只有 3 个子元素的 ul 中的第一个<li>标签和它之后的所有<li>标签，就选中了只有 3 个子元素的 ul 中的所有 li 元素。

示例代码如下：

```
li:first-child:nth-last-child(3),
li:first-child:nth-last-child(3) ~ li{
  background: #c80caa;
    }
```

运行效果如下图所示：

:nth-child(n)伪类选择器还可以传入 n 作为参数，从而找到一种至少和至多的效果，n 将从 0 开始取值，取所有正整数。例如，选中至少包含 3 个 li 元素的 ul 元素中的所有 li 元素。

示例代码如下：

```
li:first-child:nth-last-child(n+3),
li:first-child:nth-last-child(n+3) ~ li{
background: #c80caa;
}
```

运行效果如下图所示：

通过控制表达式，可以进行反选。例如，将 n 设为负值，选择至多包含 3 个 li 元素的 ul 元素中的所有 li 元素。

示例代码如下：

```
li:first-child:nth-last-child(-n+3),
li:first-child:nth-last-child(-n+3) ~ li{
background: #c80caa;
}
```

运行效果如下图所示：

根据实际需求，可以联合使用 E:first-child:nth-last-child( )方法。

2.13 如何将矩形框修改为平行四边形框?

众所周知,矩形是特殊的平行四边形,平行四边形是具有两对平行边的简单四边形。

CSS 提供了一个函数 skew( )来进行矩形的斜向拉伸。transform 属性向元素应用 2D 或 3D 转换,该属性允许对元素进行旋转、缩放、移动或倾斜。这里要实现平行四边形,只需使用函数 skewX( )即可。

示例代码如下:

```
transform: skewX(-45deg);
background: rgb(72, 126, 241);
```

运行效果如下图所示:

可以通过修改角度来改变平行四边形的倾角。

下面在链接框中添加倾斜效果,观察文本内容如何显示。

示例代码如下:

```
transform: skewX(-45deg);
background-color: rgb(72, 126, 241);
<a href="#" class="btn">HTML&CSS</a>
```

运行效果如下图所示:

如上图所示,使用 skewX( )不仅会使容器倾斜,而且会使容器内的文本倾斜。如果要使容器内的文本保持不变,有以下两种方案实现。

1. 方案一:嵌套元素方案

通过在 HTML 中用<div>标签给链接中的文字内容添加容器,再通过 skewX( )给文字内容的容器添加一个反向的倾斜效果,就可以使文字内容正常显示。以上面 skewX(-45deg) 为例,为<div>标签添加反向的 skewX(45deg)。

示例代码如下:

```
transform: skewX(45deg);
<a href="" class="btn">
<div class="name">HTML&CSS</div>
</a>
```

运行效果如下图所示：

 注意 --

由于 a 是行内元素，不可以设置背景颜色、文字大小、倾斜度等，所以需要将行内元素转化为 inline-block 或者 block。

2. 方案二：伪元素方案

在使用嵌套元素方案时，会增加新 HTML 元素，为了不改变 HTML 的结构，可以使用伪元素方案。

利用 CSS 把所有样式添加到伪元素中，通过对伪元素进行修改同样可以实现上面的效果。由于链接中的文本内容并不在伪元素中，所以无论伪元素的样式如何修改，也不会影响文本内容的样式。

为了使伪元素可以继承父元素的尺寸，通常给父元素添加相对定位 position: relative，给子元素添加绝对定位 position: absolute。这样设置后，定位的内容在标准流之上。因此给设置了定位的链接框添加背景颜色后，背景颜色会覆盖文本内容。为了避免文本内容被覆盖，还需要给伪元素使用 z-index 来设置元素的堆叠顺序，元素默认 z-index 值为 0，z-index:-1 则可把子元素放置于父元素下，这样可以正常显示。

示例代码如下：

```
.btn {
    position: relative;
    display: block;
    font-size: 20px;
    margin-top: 200px;
    margin-left: 200px;
    }
.btn::before {
    content: '';
    position: absolute;
    width: 200px;
    height: 60px;
    background-color: rgb(72, 126, 241);
    top: -15px;
    right: 0;
    left: -33px;
    bottom: 0;
    z-index: -1;
    transform: skewX(45deg);
    }
```

运行效果如下图所示：

通过这种方法还可以实现更多样式变形，下面将通过 rotate( ) 来得到菱形。
示例代码如下：

```
.btn {
    position: relative;
    display: block;
    font-size: 20px;
    margin-top: 200px;
    margin-left: 200px;
    text-decoration: none;
}
.btn::before {
    content: '';
    position: absolute;
    width: 200px;
    height: 200px;
    background-color: rgb(72, 126, 241);
    top: -80px;
    right: 0;
    left: -33px;
    bottom: 0;
    z-index: -1;
    transform: rotate(45deg);
}
```

运行效果如下图所示：

2.14　如何将图片裁剪成菱形？

在需要将图片裁剪成菱形时，可能会想到先将图片用图像处理软件裁好再使用，但这种方法不能随时修改图片样式。下面有两种方案可以达到裁剪图片的效果。

1. 方案一

将图片用<div>标签包裹起来，再用 rotate 变形。

示例代码如下：

```
<div class="picture">
  <img src="../third/1.jpg" alt="">
</div>
.picture{
    width: 400px;
    transform: rotate(45deg);
    overflow: hidden;
}
.picture img{
    max-width: 100%;
    transform: rotate(-45deg);
}
```

运行效果如下图所示：

显然，得到的结果并不是期望的那样，这是因为使用了 max-width 属性，而使用 max-width:100%使得图片的宽度等于容器的宽度。然而，这里需要的是图片宽度等于容器对角线长度，这种显示效果更舒适。根据勾股定理，需要把图片宽度设置为 1.42 倍容器宽度。与此同时需要用到 scale( )变形样式，使元素以元素中心位置为基点进行缩放。

CSS 示例代码如下：

```
.picture{
    width: 400px;
    transform: rotate(45deg);
    overflow: hidden;
}
.picture img{
    max-width: 100%;
    transform: rotate(-45deg) scale (1.42);
}
```

运行效果如下图所示：

2. 方案二

方案一可以将图片裁剪成菱形，但是这种方案有局限，当遇到的图片不是正方形时这种方案就不再适用，如下图所示：

下面将采用另一种方案解决这个问题：使用 clip-path 属性。

clip-path 属性使用裁剪方式创建元素的可显示区域。包括：

- inset：将图片裁剪成矩形；
- circle：将图片裁剪成圆形；
- ellipse：将图片裁剪成椭圆形；
- polygon：将图片裁剪成多边形。

这里使用 polygon( )函数来裁剪需要的菱形。

示例代码如下：

```
clip-path: polygon(50% 0,100% 50%,50% 100%,0 50%);
```

运行效果如下图所示：

这种方案的 CSS 代码更简洁，不需要修改 HTML 结构。

此外，clip-path 属性还能参与动画效果的制作。将动画设置为同一种形状函数，并且保持变化前后的点数一致，就能得到理想的动画效果。

示例代码如下：

```
.picture img{
    clip-path: polygon(50% 0,100% 50%,50% 100%,0 50%);
    transition: 1s clip-path;
}
```

```
.picture img:hover{
    clip-path: polygon(0 0,100% 0,100% 100%,0 100%);
}
```

2.15　如何实现文本的连字符断行?

在文本排版中,连字符可以让单词在音节分界处断开并折行,因此两端对齐与连字符断行是有密切关联的。

为了实现书籍、期刊中的精美排版,CSS 引入了 hyphens 这个新属性。

hyphens 属性定义是否允许在一行文本中使用连字符创建更多的自动换行机会,它有以下三个常用的值:

- none:单词不用连字符(不换行)。
- manual:默认值,单词只在 &hyphen 或 &shy 处有连字符。
- auto:在算法确定的位置插入单词连字符。

CSS 中只需要使用 hyphens: auto 就可以实现单词在音节分界处断开并折行。

示例代码如下:

```
hyphens: auto;
```

运行效果如下图所示:

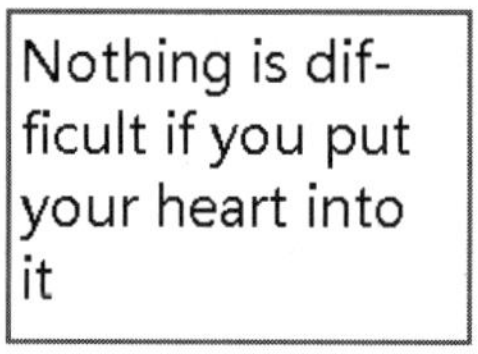

Nothing is dif-
ficult if you put
your heart into
it

2.16　如何插入换行?

列表在日常生活中十分常用。若想要做一个含有名称和值的列表,如下图所示:

Name: **Lay**
Sex: **male**
telephone: **12345678**

操作步骤如下。

步骤 1:

示例代码如下:

```
<dl>
    <dt>Name:</dt>
    <dd>Lay</dd>
    <dt>Sex:</dt>
```

```
    <dd>male</dd>
    <dt>telephone:</dt>
    <dd>12345678</dd>
  </dl>
```

运行效果如下图所示:

```
┌─────────────────────────────────┐
│ Name:                           │
│     Lay                         │
│                                 │
│ Sex:                            │
│                                 │
│       male                      │
│                                 │
│ telephone:                      │
│                                 │
│     12345678                    │
│                                 │
└─────────────────────────────────┘
```

步骤 2:由于<dd>标签列表默认内容会缩进,所以需要给它添加一些基本的 CSS 代码。示例代码如下:

```
dd{
    margin: 0;
    font-weight: bold;
}
```

运行效果如下图所示:

```
┌─────────────────────────────────┐
│ Name:                           │
│ Lay                             │
│                                 │
│ Sex:                            │
│                                 │
│ male                            │
│                                 │
│ telephone:                      │
│                                 │
│ 12345678                        │
│                                 │
└─────────────────────────────────┘
```

步骤 3:由于<dt>和<dd>标签都是块级元素,所以会出现名和值都各占一行的情况。因此,可以用 display 属性将块级元素转化为行内元素,并且在每个<dd>标签后面添加一个
标签。

示例代码如下:

```
    <dt>Name:<br /></dt>
    <dd>Lay<br /></dd>
```

运行效果如下图所示:

```
┌─────────────────────────────────┐
│                                 │
│ Name: Lay                       │
│ Sex: male                       │
│ telephone: 12345678             │
│                                 │
└─────────────────────────────────┘
```

步骤 4：虽然这种方法可以实现想要的效果，但其维护性不好。

还有其他方法能实现这种效果，即使用 Unicode 字符可以实现换行。

Unicode 中，0x000A 表示换行，在 CSS 中简化为"\A"，尝试将这个字符添加在每个<dd>标签的尾部。

示例代码如下：

```
dd::after{
    content: "\A";
}
```

运行效果如下图所示：

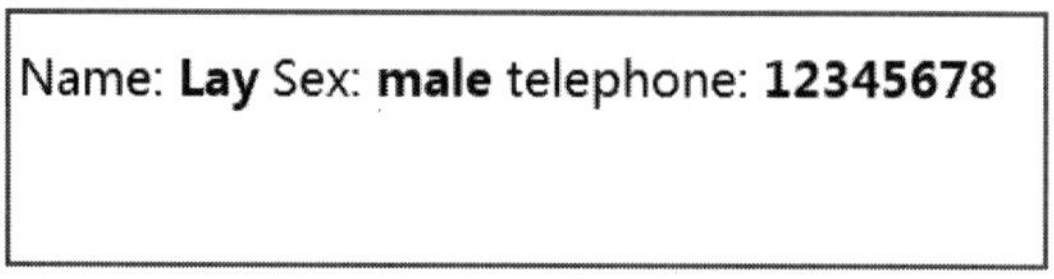

Name: **Lay** Sex: **male** telephone: **12345678**

这段代码看似有效，但为什么没有得到想要的结果呢？

原因是这段代码只相当于在</dd>标签前添加换行符，但在 HTML 中，默认情况下，换行符会与相邻的空白符进行合并，因此没有效果。

可以利用 white-space:pre 对伪元素生成的换行符进行保留。

示例代码如下：

```
dd::after{
    content: "\A";
    white-space: pre;
}
```

得到的效果与预期一模一样。但是，这种方法还存在一些问题，例如，给用户添加第二个号码。

示例代码如下：

```
<dt>telephone:</dt>
<dd>12345678</dd>
<dd>87654321</dd>
```

运行效果如下图所示：

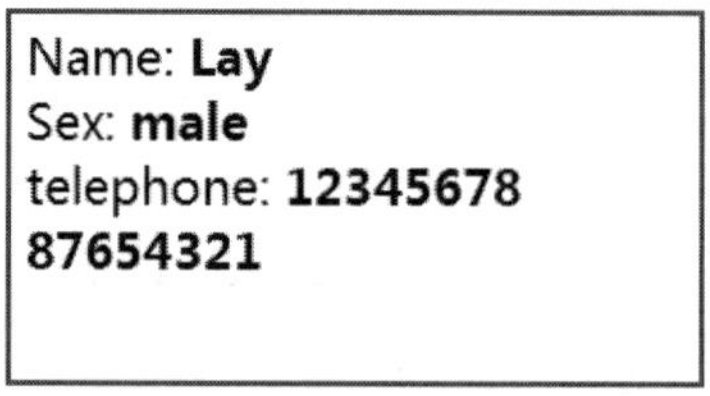

Name: **Lay**
Sex: **male**
telephone: **12345678**
87654321

步骤 5：当遇到多个<dd>标签时，前面的方法就不奏效了，因为在每个<dd>标签后面都加入了换行符。如果想要将多个并列的值放在同一行，且用逗号分隔，则只在<dt>标签前的最后一个<dd>标签插入换行符，即将换行符加在<dt>标签前，而不是<dd>标签后。

示例代码如下：

```
dt::before{
    content: "\A";
    white-space: pre;
}
```

这种方法存在一个缺点：选择符会引起第一个<dt>标签换行使第一行为空。有以下二种选择符可代替<dt>标签：

- dt:not(:first-child)
- dt ~ dt
- dd + dt

这里选择第三种，因为第三种在多个<dt>标签共用一个值时也可以达到想要的效果。另外，此时得到的两个号码之间是以空格分隔的，但是有时更希望以逗号形式分隔，这样在浏览器中能够表现得更好。因此，要在相邻的<dt>标签中间插入逗号。

示例代码如下：

```
dd+dt::before{
    content: "\A";
    white-space: pre;
}
dd+dd::before{
    content: ',';
    font-weight: normal;
}
```

运行效果如下图所示：

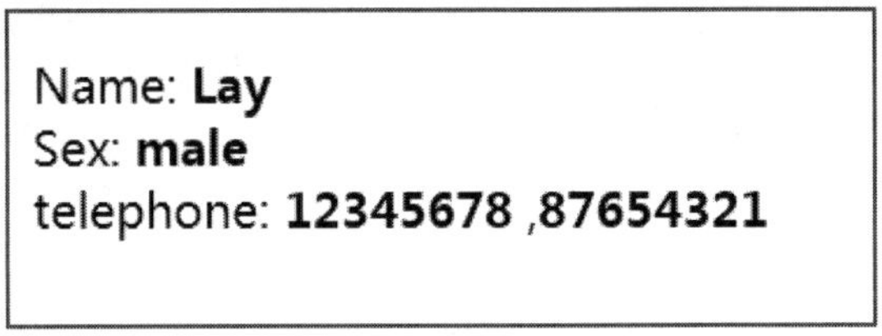

Name: **Lay**
Sex: **male**
telephone: **12345678** ,**87654321**

2.17　如何实现文本行条纹背景？

利用:nth-child( )或者:nth-of-type( )伪类可以实现表格的条纹效果，如果要用同样的方法给文本行添加条纹背景，需要用 JavaScript 将每行文本都放在一个 div 元素中。这种方法十分烦琐，并不理想。

利用 CSS 渐变可以一次性给整个元素添加条纹背景并使用 em 作为单位，以创建一个可扩展的背景。由于每个条纹背景贴片覆盖两行文本（两行文本各自的背景色不同），所以需要将条纹背景的 background-size 设置为文本行高的两倍，然后使条纹背景在指定的区域进行平铺。

示例代码如下：

```
padding: 0.5em;
line-height: 1.5em;
background: rgb(245, 230, 230);
background-image: linear-gradient(rgba(76, 164, 223, 0.4) 50%, transparent 0);
background-size: auto 3em;
```

运行效果如下图所示：

上图中，文本与条纹背景的位置有一定偏差。这是因为默认的 background-position 是相对于内边距框 padding-box 来定位的，而文本又设置了 padding。

为了解决这个问题，利用 background-origin 属性将 background-position 设置为相对于内容框定位。

示例代码如下：

```
background-origin: content-box;
```

运行效果如下图所示：

2.18　如何调整 Tab 的宽度？

在编写代码的过程中经常使用 Tab 键，但有时候需要对 Tab 键进行设置，以实现随意的缩进。

在 CSS3 中 Tab 键有一个属性可用来设置 Tab 的宽度，该属性一般设置为数字或长度值。tab-size 属性适用于规定制表符（tab）字符的空格长度。结合实际经验，一般设置为数字，如 0、2、4、8。

示例代码如下：

```
<pre><code>
<span id="t1">I use tab-size 0</span>
<span id="t2">I use tab-size 0</span>
<span id="t3">I use tab-size 0</span>
<span id="t4">I use tab-size 0</span>
</code></pre>
<pre>
#t1 {
    tab-size: 0;
  }
#t2 {
    tab-size: 2;
```

```
    }
#t3 {
    tab-size: 4;
    }
#t4 {
    tab-size: 8;
    }
</pre>
```

运行效果如下图所示：

```
Iusetab-size0
I use tab-size  0
I   use tab-size    0
I       use     tab-size         0
```

2.19　如何扩大区域范围？

下面是一个可单击的按钮，如右图所示。

但是实际应用中可能会出现一个问题：当按钮很小时，不容易被单击到。这时需要给按钮扩大 4 个方向上的可单击区域。

在设置按钮时已经应用了样式 cursor: pointer，当鼠标指针放在可单击区域时样式就会改变，所以可以采用这种方法观察按钮的可单击区域。

扩大可单击区域的方法是用 border 属性给按钮增加一个透明边框。

示例代码如下：

```
border: 20px solid transparent;
cursor: pointer;
```

实际上这种方法并没有成功，反而会让按钮变大，因为设置的背景颜色会自动把新增加的边框填充满。此时，可以通过对背景进行设置，让背景颜色只在原来的按钮区域填充。

background-clip 属性规定背景的绘制区域，padding-box 使背景被裁剪到内边距框。

示例代码如下：

```
border: 20px solid transparent;
background-clip: padding-box;
cursor: pointer;
```

运行效果如下图所示：

这样做的确是让可单击区域变大了，但是又出现了新的问题，在前面已经使用过 border 属性，此时只能用 CSS3 中的 box-shadow 来给按钮添加边框。

示例代码如下：

```
border: 20px solid transparent;
background-clip: padding-box;
box-shadow: 0 0 0 1px black inset;
```

运行效果如下图所示：

使用这种方法，对边框的设置显得很麻烦，还有其他方案可以实现可单击区域的扩大。

伪元素可以实现元素与鼠标的交互，所以下面将提供伪元素方案来扩大按钮的可单击区域，利用伪元素来给按钮增加 4 个方向的可单击区域。

示例代码如下：

```
button {
    position: relative;
    font-size: 20px;
    padding: 30px 25px;
    margin: 3px 3px;
    background-color: rgb(18, 94, 145);
    color: #fff;
    border-color: black;
    border-radius: 50%;
    cursor: pointer;
}
button::before{
    content: '';
    position: absolute;
    top: -20px;
    right: -20px;
    bottom: -20px;
    left: -20px; }
```

运行效果和上图一样。

2.20 如何设置 CSS 元素宽度自适应内部元素？

在 CSS 中，如果不给元素设置高度，则它的高度默认为内部元素的高度。如果期望设置宽度默认为内容的宽度，操作步骤如下。

步骤 1：首先使用<figure>标签包裹图片和文字。

示例代码如下：

```
<p>Some text[...]</p>
```

```
<figure>
    <img src="animal.jpg" alt="">
    <figcaption>A hippo lives in the zoo. I like him very much.
        I often go to see him. He often thinks of me, too.
        </figcaption>
</figure>
<p>Some text[...]</p>
```

步骤 2：再给它添加一个边框，如下图所示：

由上图可知，文字比图片要宽得多，若要使 figure 元素和图片一样宽且水平居中，有如下 3 种方案。

1. 方案一：让 figure 元素浮动

示例代码如下：

```
figure{
    border:2px solid lightcoral;
    float: left;
}
```

虽然这种方法可以使它得到默认的宽度，但改变了它的布局方式。

运行效果如下图所示：

2. 方案二：对 figure 元素应用 display 属性

示例代码如下：

```
display: inline-block;
```

将 figure 元素转化为行内块元素，其宽度默认为内容宽度。

运行效果如下图所示：

虽然边框能够适应内容的宽度，但不能适应图像的宽度，不能简单做到水平居中。

3. 方案三：对 figure 元素应用固定的 width 或 max-width

示例代码如下：

```
figure img{
    max-width: 100%;
}
```

先给 figure 元素设置固定的 width 或 max-width，再给 figure 元素的 img 设置 max-width 为 100%。

运行效果如下图所示：

很明显，这样空间利用率不高。

CSS3 中给 width 和 height 提供了一种新的规范 min-content，采用内部元素中最大的不可断行元素的宽度作为最终容器的宽度。现在可以利用这个关键字将 figure 设置为适当的宽度并让它居中。

示例代码如下：

```
figure{
        border:2px solid lightcoral;
        width: min-content;
        margin: auto;
}
```

运行效果如下图所示：

2.21　如何精确控制表格列宽？

由于表格宽度会受到表格中内容长度的影响，所以在对表格进行布局时往往存在着不确定的因素。可以采用 table-layout 属性来使表格的宽度更加可控。table-layout 属性用于显示表格的单元格、行和列，在默认情况下它的值被设置为 auto，这就是导致上述问题产生的根本原因。因此，只需将 table-layout 属性设置为 fixed，就能实现表格宽度的精确控制。

在 table-layout 默认为 auto 的情况下，如果没有给表格指定列宽或者表格中的内容超过了指定的列宽，表格则会根据内容的多少自动分配列宽。

示例代码如下：

```
table td {
        width: 200px;
}
```

运行效果如下图所示：

abc	abcd
abcdef	ab

虽然指定的列宽仍然是 200px，但是当内容超过列宽时，表格会被"撑大"，如下图所示：

abcdefghijk	abcdefghijklmnopq
abcdefghijklmnopqrstuvwxyzABCDEFGHIJKLMNOPQ	abcdefghijklmn
abcdefghijklmnopqrstuvwxyzABCDEFGHIJKLMNOPQRSTUVWXYZ	aa

如果设置 table-layout 为 fixed，就能精确控制表格的列宽。此时，如果列宽没有具体的值，表格列宽则会平均分配。

示例代码如下：

```
table {
        width: 300px;
        table-layout: fixed;
    }
table td {
        /* 未给单元格设置具体的宽度 */
        width: auto;
    }
```

运行效果如下图所示：

由于表格宽度……	会受到表格中的内容长度的影响……
所以在对表格进行布局时往往存在着不确定的因素……	我们可以采用table-layout属性来使表格的宽度更加可控。table-layout属性……

若给单元格指定了具体的列宽，就算单元格中的内容很少，列宽也能直接生效而不会受到 table 宽度的影响。例如，尽管给 table 设置的宽度是 200px，但是单元格的宽度为指定的 1000px。

示例代码如下：

```
table {
        width: 200px;
        table-layout: fixed;
    }
table td {
    /* 单独给单元格指定的宽度，不会受到 table 宽度的影响 */
        width: 1000px;
    }
```

运行效果如下图所示：

这个单元格列宽指定为1000px

除此之外，overflow 属性也可以正常生效。

示例代码如下：

```
table td {
        overflow: hidden;
    }
```

运行效果如下图所示：

| abcdefghijk | abcdefghijklmnopq |
| abcdefghijklmnopq~~abcdefghijkl~~ABCDEFGHIJKLMNOPQ | |

添加 overflow 属性后，溢出的内容会被隐藏，单元格列宽仍未改变，效果如下图所示：

| abcdefghijk | abcdefghijklmnop |
| abcdefghijklmnop | abcdefghijklmn |

2.22　如何设置连字的字形？

在网页文本中，一些形状的字体之间可能会发生冲突，如下图中的单词 fjord 的 f 和 j 发生了冲突，而 fine 中的 f 的上部与字符 i 的圆点也发生了冲突。

fjord fine

在实际开发中，应用的大部分衬线字体都存在这个问题。为了避免让字体出现这种情况，在设计字体时往往会额外设计一些特殊的、成为连字的字形。这种字形往往在特定的几个字符组合时显示，如下图所示：

fjord fine

在上图中，字符 f 与字符 j 和字符 i 组合都出现了连字效果，这样看上去更加美观。

此外，还有一种连字称为酌情连字，这种连字与两个字形是否有冲突无关，如下图所示：

select

常见的浏览器一般不会使用连字效果，需要自行根据需求设置连字效果。

之前，利用 Unicode 中的连字字符使字符强制产生连字效果。但是，使用这种连字字符，会带来一系列的问题。首先，它会降低文章的可读性，因为一般不会记得 &#xfb01 代表的是一个产生连字效果的字符组合 fi；其次，当前字体不包含这个连字字符时，就会在当前字体的文字中出现另一种字体的连字效果，如后图所示；再次，很多连字字形并没有在 Unicode 中具有统一的编码，而只存在于拥有该连字字形的字体的 PUA 区中，也就是说语言转义时无法识别出这个连字的连字字符。最后，在文本内容被复制时，采用了连字效果的部分可能会变成一串字符，影响浏览器和搜索引擎对文本内容的搜索。

difficult

使用新属性 font-variant-ligatures 可以对连字效果的产生进行控制。这个属性就像一个开关，可以控制整体连字效果或者部分连字效果的开启或禁用。

示例代码如下：

```
font-variant-ligatures: common-ligatures discretionary-ligatures historical-ligatures;
```

对于以上三个属性值，可以选择关闭或不使用。如果需要 font-variant-ligatures 的初始值，可以使用属性值 normal 。

以下示例代码都是合法的：

```
font-variant-ligatures: discretionary-ligatures historical-ligatures;
font-variant-ligatures: common-ligatures no-discretionary-ligatures no-historical-ligatures;
```

2.23　什么是图标字体?

图标字体实际上是一种字体，但是它以图标样式显示。可以通过修改文字样式的方式来修改图标字体的样式，如大小和颜色。与传统的图片相比，图标字体是轻量级的，在页面中更加容易加载。并且，由于图标字体是矢量的，所以不会有马赛克出现。

若要使用图标字体，则需要先下载图标字体，可以在图标字体网站中下载，这里推荐两个网站：阿里巴巴矢量图标库和 iconmoon 网站。

下面以阿里巴巴矢量图标库为例来说明如何利用图标字体设置 CSS 样式。

步骤 1：选择需要的字体图标文件并将它下载到本地计算机上，如下图所示：

步骤 2：得到一个压缩包文件，将这个压缩包和需要添加字体图标的 HTML 文档放在同一个文件夹中并进行解压。接下来，打开解压后的文件夹，将以下 4 个文件和需要添加

字休图标的 HTML 文档放在同一文件夹中，如下图所示：

```
 1.36-iconfont.html
 iconfont.css
 iconfont.ttf
 iconfont.woff
 iconfont.woff2
```

步骤 3：将下载的图标字体引入 HTML 文档中。打开 iconfont.css 文件，将以下代码复制到对应页面的 CSS 样式中（注意引入文件的路径）。

示例代码如下：

```
@font-face {
        font-family: "iconfont";
        /* Project id 2657411 */
        src: url('iconfont.woff2?t=1625637185469') format('woff2'),
            url('iconfont.woff?t=1625637185469') format('woff'),
            url('iconfont.ttf?t=1625637185469') format('truetype');
    }
    .iconfont {
        font-family: "iconfont" !important;
        font-size: 16px;
        font-style: normal;
        -webkit-font-smoothing: antialiased;
        -moz-osx-font-smoothing: grayscale;
    }
```

步骤 4：打开 iconfont.css 文件，找到需要使用的图标字体所对应的代码。将代码复制到需要使用该图标的字体的 CSS 样式中。值得注意的是，content 不能省略，也不能忘记声明 font-family.

示例代码如下：

```
div::after {
        font-size: 20px;  /* 设置图标字体的字体大小为 20px */
        content: "\e602";
        font-family: "iconfont";
    }
```

运行效果如下图所示：

Hello,World! ☑

前面成功使用了图标字体，修改字体的大小和颜色得到的结果如下。

示例代码如下：

```
div::after {
        font-size: 25px;
        color: crimson;
        content: "\e602";
        font-family: "iconfont";
    }
```

运行效果如下图所示：

Hello,World!

2.24　如何对&字符进行美化？

在很多页面中会用到&字符，然而普通的&字符看起来没那么"漂亮"，因此希望使用一些其他字体的&字符。为了使适合&字符的字体同时也适合阅读，需要单独对&字符进行操作。

当页面中有很多&字符时，一个一个对它们进行操作是烦琐的，所以并不推荐通过修改 HTML 结构的方法来实现美化&字符的效果。正常显示时，如下图所示：

HTML&CSS

在 font-family 中同时指定多个字体，当优先字体不可以使用时，则会自动使用下一个。这时，可以使用一个只对&字符有效的字体。这样，就能够使用这个字体对&字符设置样式。同时，其他文字内容的样式也不会被更改。

CSS 中有一种字体只包含&字符，名为 ampersand，它只用于显示&字符，对其他字符都无效。

因此，可以先通过@font-face 将这个字符引入并设置它的字体优先级为第一位，再使用 src 中的 local( )函数，最后需要一个描述符来指明 ampersand 字体仅使用在&字符上，这里使用函数 unicode-range。但它的使用是有限制的，只能用在@font-face 中，在使用前必须查阅相关字符的十六进制码。指定一个字符的方法如下：

```
unicode-range: U+26;
```

&字符的 ASCII 码是 26，通过 unicode-range，就可以指定&字符使用 ampersand 字体。示例代码如下：

```
@font-face {
    font-family: Ampersand;
    src:local('Baskerville'),
        local('Goudy Old Style'),
        local('Palatino'),
        local('Book Antiqua');
        unicode-range: U+26;
  }
h1 {
        font-family: Ampersand,Helvetica, sans-serif;
    }
```

运行效果如下图所示：

但是这与实际想要的&字符还有些差距，希望获取的&字符效果如下图所示：

给指定字符设置不同风格的字体，不指定整个字体的 family name，而把这个字体指定为所需要的单个风格，通过下面的代码，就可以实现上面的&字符斜体效果：

```
@font-face {
 font-family: Ampersand;
 src:local('Baskerville-Italic'),
     local('GoudyOldStyle-Italic'),
     local('Palatino-Italic'),
     local('BookAntiqua-Italic');
     unicode-range: U+26;
}
  h1 {
     font-family: Ampersand,Helvetica, sans-serif;
   }
```

因此，想要实现各种各样的字符样式，只需要修改其中一部分字体的风格即可。

2.25　如何自定义文本下画线？

由于默认的文本下画线不能更改样式，只允许文本有或者没有下画线。
示例代码如下：

```
text-decoration: underline;
```

如果想灵活使用下画线应该怎么做呢？

1．方案一：用边框来模拟下画线

示例代码如下：

```
a{
    border-bottom: 1px solid #555;
    text-decoration: none;
}
```

这种方案可以灵活改变下画线的线宽、颜色和形状，如下图所示：

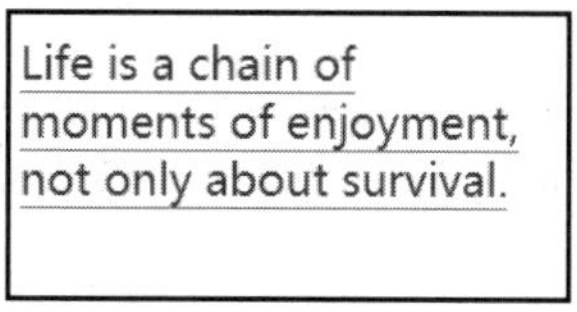

但是，此时下画线与文字之间会存在一些空隙。如何缩短两者之间的空隙呢？
可以尝试将元素 display 属性设置为 inline-block，以减小 line-height 值。

示例代码如下：

```
a{
    display: inline-block;
    border-bottom: 1px solid #555;
    line-height: .8;
    text-decoration: none;
}
```

运行效果如下图所示：

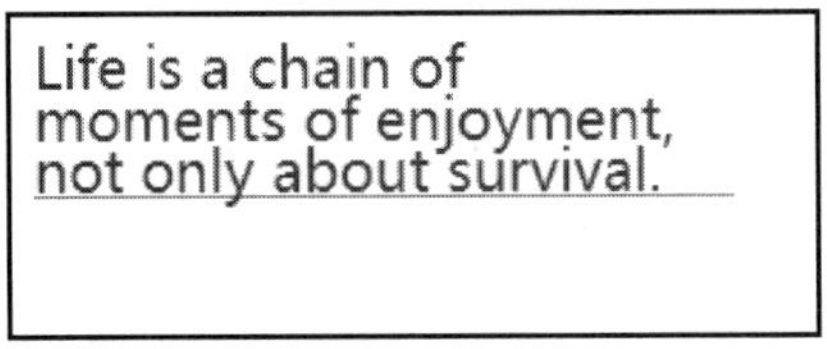

Life is a chain of
moments of enjoyment,
not only about survival.

可以看到，下画线确实离文字更近了，但影响到了文本的正常换行。

2. 方案二：用内嵌的 box-shadow 来模拟下画线。

示例代码如下：

```
box-shadow: 0 -2px #555 inset;
```

这种方案存在和 border-bottom 同样的下画线与文字间距较大的问题（如下图所示）。
还有其他方法能够解决这个问题吗？

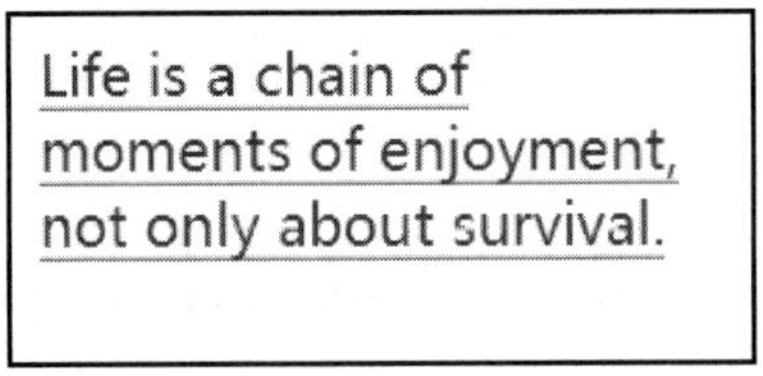

Life is a chain of
moments of enjoyment,
not only about survival.

3. 方案三：用 CSS 渐变

采用 background-image 及相关属性，通过 CSS 渐变来实现需要的样式。此时背景可以
跟随换行的文本，不会出现影响文本正常换行的问题。

示例代码如下：

```
background: linear-gradient(#555,#555) no-repeat;
background-size: 100% 1px;
background-position: 0 1.2em;
```

运行效果如下图所示：

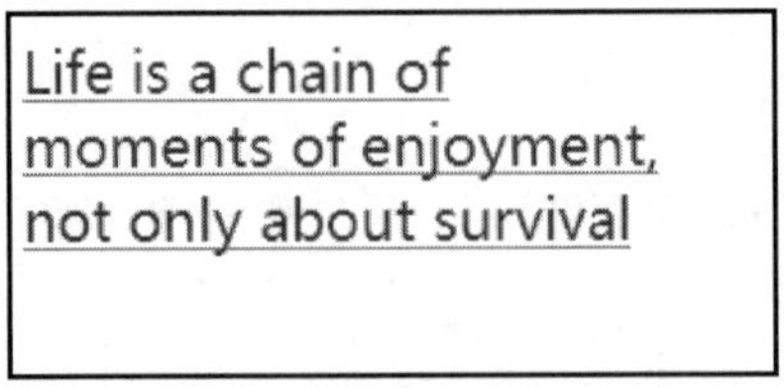

Life is a chain of
moments of enjoyment,
not only about survival

可以看到它的效果还比较令人满意，但是下画线会穿过"j"字母和"y"字母字体的
下部。

若期望得到当下画线遇到字母的下部时能够自动断开的效果，应该怎么做呢？

可以利用两层与背景色相同的 text-shadow 来实现这种效果。

示例代码如下：

```
background: linear-gradient(#555,#555) no-repeat;
background-size: 100% 1px;
background-position: 0 1.10em;
text-shadow: .05em 0 white,-.05em 0 white;
```

运行效果如下图所示：

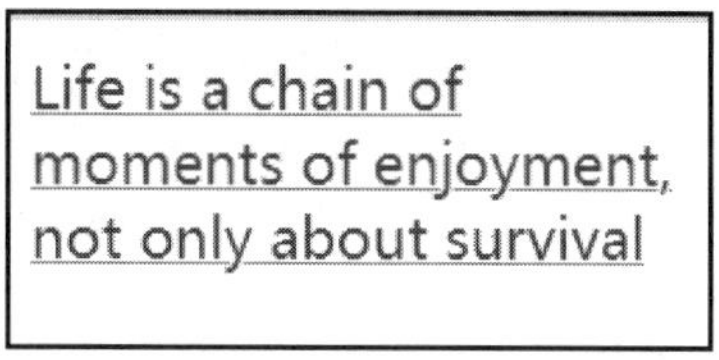

这种方案可以实现多种样式的下画线，如果想要将实下画线改为虚下画线，可以更改色标的位置调节虚线的虚实比例，background-size 用于修改虚线的疏密程度。

示例代码如下：

```
background: linear-gradient(90deg,#555 60%,transparent 0) repeat-x;
background-size: .2em 2px;
background-position: 0 1em;
text-shadow: .05em 0 white,-.05em 0 white;
```

运行效果如下图所示：

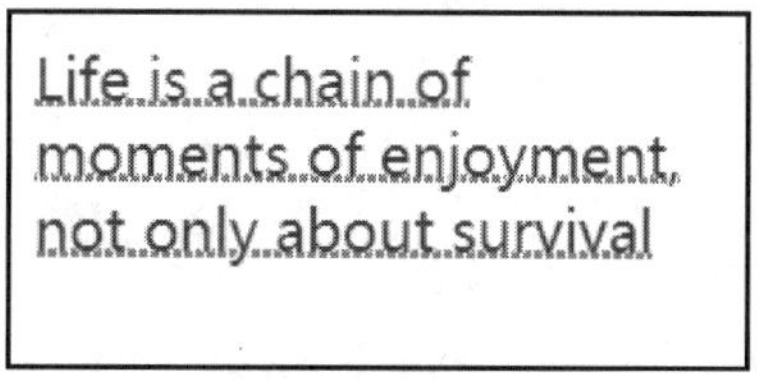

2.26　如何实现多种文字效果？

为了使页面中的文字更加生动，可以利用 CSS 给文字添加各种各样的样式，如文字的凸起效果、发光效果等。这些文字效果能够使页面看起来更加丰富有趣。

2.26.1　凸起效果

凸起效果适用于文字和背景的颜色深浅有一定区别的场景。主要的实现原理是在文字的顶部或者底部添加投影，使文字看上去有凸起的效果。若背景颜色较浅而文字颜色较深，可以在文字的底部增加浅色投影实现凸起效果。

示例代码如下：

```
background: hsl(100, 10%, 50%);
color: hsl(100, 10%, 10%);
```

```
text-shadow: 0 .03em .03em hsla(0, 10%, 80%, 0.8);
```

未添加凸起效果，如下左图所示。

浅色背景中的深色文字实现凸起效果，如下右图所示。

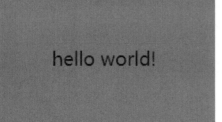 

若背景颜色较深而文字颜色较浅，可以在文字的顶部添加深色投影实现凸起效果。
示例代码如下：

```
background: hsl(100, 10%, 40%);
color: hsl(100, 10%, 60%);
text-shadow: 0 -.03em .03em black;
```

深色背景中的浅色文字未添加凸起效果，如下左图所示。

深色背景中的浅色文字实现凸起效果，如右图所示。

可以通过修改背景、文字和投影的颜色及对比度来得到最佳的结果。同时，为了在文字字号跨度较大的情况下也能得到较好的结果，最好使用 em 单位而不是 px 单位。

2.26.2 描边效果

描边效果能够使文字看起来像是空心的。给文字添加描边效果实际上就是给文字的外部增加一些阴影，使文字的边缘加粗。因此，可以使用多个 text-shadow 给这些投影加上各个方向的少量偏移实现描边效果。

示例代码如下：

```
background-color: skyblue;
color: #fff;
/* 给白色文字添加多层少量偏移的黑色投影 */
text-shadow: 1px 1px black, -1px -1px black, 1px -1px black, -1px 1px black;
```

无描边效果，如下左图所示。

给文字添加少量偏移的多层投影实现描边效果，如下中图所示。

除此之外，还可以利用 text-shadow 给文字设置多层模糊的投影来实现描边效果，如下右图所示。

也可以通过调整偏移量或模糊值来得到一个较好的效果。需要注意的是，不能给 text-shadow 的偏移量或者模糊量设置较大的值。当设置的值较大时，得到的描边效果会显得不自然。

2.26.3　发光效果

当文字背景较暗时，可以给文字设置发光效果来突出文字内容。

有以下两种方法可以实现这种效果。

第一种，可以利用 text-shadow 属性来实现。这种方法只需要给文字添加多层与文字颜色一致而模糊范围不同的投影，同时，每层 text-shadow 的偏移量都要设置为 0。

示例代码如下：

```
background-color: #335;
color: rgb(252, 252, 178);
text-shadow: 0 0 .1em, 0 0 .3em;
```

文字无发光效果，如下左图所示。

文字发光效果，如下右图所示。

可以给这个发光的文字添加鼠标指针悬停时的动画效果。如果在鼠标指针悬停时将文字隐藏而只留下文字投影，就可以得到更加逼真的文字发光效果。

示例代码如下：

```
div:hover {
        color: transparent;
        text-shadow: 0 0 .1em rgb(252, 252, 178), 0 0 .3em rgb(252, 252, 178);
    }
```

隐藏文字本身后得到的发光效果，如下图所示：

第二种，利用 CSS 滤镜实现。这种方法只需要设置 filter 中的模糊范围，实现的效果
与前面一致。

示例代码如下：

```
box:hover {
        filter: blur(.1em);
    }
```

2.26.4 3D 效果

为了使文字更加富有立体感，可以尝试给文字添加 3D 效果。主要原理就是用
text-shadow 给文字设置多层累加投影。这些投影以一定的跨度错开且颜色逐渐变暗。

 注意

不能给投影设置模糊值。同时，为了得到更加逼真的 3D 效果，往往需要在文字的
底部加上一层模糊的暗色投影。设置每层投影以 1px 的跨度错开。

示例代码如下：

```
background-color: rgb(196, 237, 253);
color: white;
/* 给文字设置多层错开的投影，最后在底部加一层黑色的模糊投影 */
text-shadow: 0 1px hsl(0, 0%, 90%), 0 2px hsl(0, 0%, 80%), 0 3px hsl(0, 0%, 70%),
0 4px  hsl(0,    0%, 60%), 0 5px hsl(0, 0%, 50%), 0 5px 10px black;
```

文字无 3D 效果，如下左图所示。
文字有 3D 效果，如下右图所示。

根据上述方法，可以通过改变文字、背景和投影的颜色得到丰富多彩的 3D 效果。

2.27 什么是 JavaScript 的顺序结构?

顺序结构是程序最基本的控制结构,采用一种自上而下的运行方式。

使用顺序结构的程序会按语句的出现顺序自上而下地运行直至最后一条语句。从总体上看,任何程序的正常运行都是按照语句出现的先后顺序运行的。

顺序结构调用的执行顺序,如下图所示:

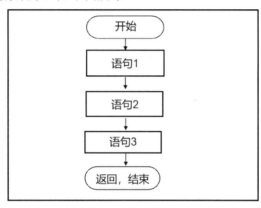

2.28 什么是 JavaScript 的分支结构?

在编写程序的过程中,有时会根据不同的条件执行不同的动作。当程序运行到分支结构的条件语句时,可以通过对条件的判断来改变程序的语句执行顺序。在 JavaScript 分支结构中常用的条件语句有 if 语句、if…else 语句、if…else if…else 语句、嵌套 if…else 语句和 switch case 语句。

2.28.1 if 语句

if 语句在指定条件成立时执行代码。if 语句基本语法:

```
if (条件){
    条件成立执行代码;
}
```

示例代码如下:

```
var today = new Date();
var hour = today.getHours();
if (hour<12) {
    document.write("<b>早上好</b>");
}
var nowtime = "目前的时间为: "+today+"";document.write(nowtime);
```

运行效果如下图所示：

目前的时间为: Fri May 28 2021 23:00:28 GMT+0800 (中国标准时间)

2.28.2　if…else 语句

if…else 语句在指定条件成立时执行代码，当指定条件不成立时执行其他代码。if…else 语句基本语法：

```
if (条件){
   条件成立执行代码;
}
else {
   条件不成立执行代码;
}
```

示例代码如下：

```
var today = new Date();
var hour = today.getHours();
if (hour<12) {
   document.write("<b>早上好</b>");
}else{
   document.write("现在不在早上了</br>");
}
var nowtime = "目前的时间为: "+today+"";
document.write(nowtime);
```

运行效果如下图所示：

现在不在早上了
目前的时间为: Fri May 28 2021 23:03:32 GMT+0800 (中国标准时间)

2.28.3　多重 if…else 语句

在面对多种需求的情况时，如将成绩按照不同分数区域进行分类，可以用到多重 if…else 语句。多重 if…else 语句基本语法：

```
if (条件 1){
        条件 1 成立执行此代码;
   }
...
   else if (条件 n ){
        条件 n 成立执行此代码;
   }
   else {
        所有条件都不成立执行此代码;
   }
```

示例代码如下：

```
var today = new Date();
```

```
var hour = today.getHours();
if (hour<12) {
   document.write("<b>早上好</b>");
}else if (hour<5) {
   document.write("<b>现在是凌晨</b>");
}
var nowtime = "目前的时间为: "+today+"";
document.write(nowtime);
```

运行效果如下图所示:

目前的时间为: Fri May 28 2021 23:16:05 GMT+0800 (中国标准时间)

2.28.4　嵌套 if…else 语句

嵌套 if…else 语句用于判断条件后，根据需求继续使用 if 语句。嵌套 if…else 语句基本语法:

```
if(条件 1 ){
      if(条件 2 ){
      条件 1 与 2 成立执行代码;
      }
}
   else {
      条件不成立执行代码;
   }
```

示例代码如下:

```
var today = new Date();
var hour = today.getHours();
if (hour<12) {
  if (hour<5) {
      document.write("<b>凌晨睡眠中</b>");
  }
}else{
  if (hour>22) {
      document.write("该休息了</br>");
  }
}
var nowtime = "目前的时间为: "+today+"";
document.write(nowtime);
```

运行效果如下图所示:

该休息了
目前的时间为: Fri May 28 2021 23:08:54 GMT+0800 (中国标准时间)

2.28.5　switch case 语句

switch case 语句用于对多种条件的判断，若匹配 case 后的条件则执行该代码。相对于

if…else 语句，switch case 语句逻辑清晰，使用简洁。switch case 语句基本语法：

```
switch (变量或表达式){
case 常量：表达式；break ;
case 常量：表达式；break ;
case 常量：表达式；break ;
}
```

示例代码如下：

```
<style>
    .box{
        background-color: pink;
        width: 400px;
        height: 50px;
        line-height: 50px;
        font-size: 15px;
        text-align: center;
    }
</style>
<div class="box">
    请输入您的分数：
    <jinput type="search" id="score" placeholder="1-100 分">
</div>
<script type="text/javascript">
    var peopleInput = document.getElementById("score");//通过 ID 获取元素
    //离焦事件 onblur,获取输入分数
    peopleInput.onblur = function(){
        console.log(peopleInput.value);
        //将获取到的分数转化为数值
        var score = parseInt(peopleInput.value);
        //Math.floor()向下取整
        switch(Math.floor(score/10)){
            case 10:alert('满分');break;
            case 9:alert('A');break;
            case 8:alert('B');break;
            case 7:alert('C');break;
            case 6:alert('D');break;
            default :alert('不及格');
        }
    }
</script>
```

运行效果如下图所示：

2.29　什么是 JavaScript 的循环结构?

在实际编程中有时还需重复执行一组语句，重复书写所需语句会显得冗长。因此在碰到这种情况时，通常选择用循环结构来完成需求。JavaScript 提供了 4 种循环结构：for、 while、do…while、for…in。

2.29.1　for 循环

for 循环通常由两部分组成，一部分为条件控制部分，另一部分为循环部分。for 循环在判断表达式为 true 时，for 循环才能继续执行。同时，需注意循环表达式在每次循环执行后都将被再次执行，然后对表达式进行判断，决定是否进行下次循环。for 循环语句基本语法：

```
for (初始化表达式；判断表达式；循环表达式){
        需要循环的代码；
}
```

示例代码如下：

```
var sum = 0;
for (var i = 0; i <=100; i++){
    sum+=i;
}
var input = "1-100 所有数的和："+sum+"";
document.write(input);
```

运行效果如下图所示：

```
1-100所有数的和：5050
```

2.29.2　while 循环

while 循环用于在指定条件为 true 时循环。在循环体中应该包含使循环退出的语句，否则将使循环无休止地运行。while 循环语句基本语法：

```
while (表达式){
        需要执行的代码；
}
```

示例代码如下：

```
var i = 1;
var sum = 0;
while(i<=100){
    sum += i ;
    i++;
}
var input = "1-100 所有数的和："+sum+"";document.write(input);
```

运行效果如下图所示：

```
1-100所有数的和：5050
```

2.29.3　do…while 循环

do…while 循环是 while 循环语句的变种。与 while 循环不同的是，该循环在初次运行前会先将其中的代码执行一遍，然后在指定条件判断为 true 时继续这个循环。do…while 循环语句基本语法：

```
do{
      需要执行的代码;
}while(表达式)
```

示例代码如下：

```
//列举小于 8 的数
var i = 0;
do{
   i++;
   document.write(i+"<br>");
}
while(i<8);
```

运行效果如下图所示：

```
1
2
3
4
5
6
7
8
```

2.29.4 for…in 循环

for…in 循环语句用于对数组或者对象的属性进行操作。for…in 循环语句基本语法：

```
for (变量 in 对象){
    需要执行的代码;
}
```

示例代码如下：

```
var arr = [23,55,24,61,36];
for(x in arr){
   document.write(arr[x]+" ")
}//遍历 arr 数组
```

运行效果如下图所示：

```
23 55 24 61 36
```

2.29.5 break 和 continue

在实际循环过程中，往往会碰到一些需要提前终止循环或者放弃某次循环的情况，这时就需要用到 break 和 continue。在循环体中一旦执行 break 语句，就会跳出循环，进而转到循环后的语句继续执行。若执行了 continue 语句，则表示本次循环结束且开始下一次循环。

示例代码如下：

```
var i = 0;
do{
  i++;
  if (i%5 == 0) {break;}
  document.write(i);
}while(i<8);
  var i = 0;
  do{
  i++;
  if (i%5 == 0) {continue;}
  document.write("<br>"+i);
  }while(i<10);
```

运行效果如下图所示：

```
1234
1
2
3
4
6
7
8
9
```

2.30　什么是定时器？

JavaScript 中所提供的定时执行代码的功能称为定时器（timer），具体是指在一段特定时间后执行某段程序。定时器主要由 setTimeout( )和 setInterval( )两个函数来实现，提供了一种跳出 JavaScript 单线程限制的方法，即让定时器代码进行异步执行。

2.30.1　setTimeout (Expression , DelayTime)

在 DelayTime（推迟的毫秒数）过后将执行一次 Expression，即 setTimeout 运用后会延迟一段时间再进行某项操作。其中，Expression 可以是字符串、匿名函数、函数名（函数名中不能传参）。

示例代码如下：

```
let a = 0;
const time1 = setTimeout(function(){
  a++;
  console.log("执行了"+a+"次");},1500);//延迟1.5秒后执行
```

运行效果如下图所示：

```
执行了1次                                                    index.js:262
```

2.30.2　setInterval (Expression,DelayTime)

每个 DelayTime（推迟的毫秒数）后都会执行一次 Expression，即载入后每隔一段指定

的时间都会执行一次表达式。

示例代码如下：

```
let b = 0;
const time2 = setInterval(function(){
    b++;
    console.log("执行了"+b+"次");},1500);//每隔 1.5 秒执行一次，若不清除定时器会无
休止地执行
```

运行效果如下图所示：

```
执行了1次                                          index.js:268
执行了2次                                          index.js:268
执行了3次                                          index.js:268
```

2.30.3　clearTimeout (对象)

清除已经设置的 setTimeout 对象。

2.30.4　clearInteval (对象)

清除已经设置的 setInteval 对象。

JavaScript 中定时器的应用多种多样，定时器的常见应用——延时提示框的具体代码
如下：

```
<div id="div1">点我看看</div>
<div id="div2">我是提示框</div>
<style>
  div{
      float:left;
      margin:10px;
  }
  #div1{
      width:100px;
      height:30px;
      text-align: center;
      border-radius: 10px;
      background:lightblue;
  }
  #div2{
      width:150px;
      height:50px;
      text-align: center;
      border-radius: 15px;
      background:lightgreen;
      display:none;
  }
</style>
<script>
  window.onload = function(){
```

```
                var div1 = document.getElementById('div1');
                var div2 = document.getElementById('div2');
                var timer = null;
                div1.onmouseover = function(){
                    clearTimeout(timer); /*鼠标指针移出，停止div1的定时器*/   div2.style.
display='block';
                };
                div1.onmouseout=function(){
                    timer=setTimeout(function(){
                        //设置1000毫秒的停止定时器
                        div2.style.display='none';
                    }, 1000);
                };
                div2.onmouseover=function(){
                    clearTimeout(timer);
                };
                div2.onmouseout=function(){
                    timer=setTimeout(function(){
                        //设置1000毫秒的移出定时器
                        div2.style.display='none';
                    }, 1000);
                };
            };
        </script>
```

运行效果如下图所示：

2.31　canvas 绘图技术有哪些?

　　<canvas>是由 H5 提供的一个用于展示绘图效果的标签，使用<canvas>标签可以在页面中开辟一格区域。使用<canvas>标签设置的区域默认宽是 300px，高是 150px，使用 HTML 属性可以设置宽高，但不要使用 CSS 方式。

　　<canvas>标签本身不能绘图，要通过 JavaScript 来完成绘图。canvas 对象提供了各种绘图的 API，在一些不支持<canvas>标签的浏览器中会将其解释为<div>标签，因此常在<canvas>标签中嵌入文本以提示用户。

2.31.1　<canvas>标签的基本绘图步骤

　　步骤 1：获得 canvas 对象，获取画布。

步骤 2：调用 getContext( )方法，提供字符串参数'2d'，获取画布的上下文。

步骤 3：用 getContext( )方法所获得的绘图工具（即该方法返回对象为 CanvasRendering Context2D）进行绘图。

2.31.2 canvas 绘图中的基本方法

1．getContext ( )方法

绘制平面图形使用'2d'作为参数，返回 CanvasRenderingContext2D 类型的对象。

语法：canvas.getContext ('2d')。

2．moveTo ( )方法

用于绘制起点。

语法：CanvasRenderingContext2D.moveTo(x,y)，其中参数(x, y)表示在坐标系中的位置。

3．lineTo ( )方法

用于设置需要绘制直线的另一个点，最终描边后会连线当前点和方法参数所描述的点。

语法：CanvasRenderingContext2D.lineTo (x, y)，其中参数(x, y)表示在坐标系中的位置。

4．stroke ( )方法

用于将描述的所有点按照顺序连接起来。

语法：CanvasRenderingContext2D.stroke ( )。

5．fill ( )方法

用于按照描绘的点的路径来填充图形，默认为黑色。

语法：CanvasRenderingContext2D.fill ( )。

6．closePath ( )方法

用于将最后一个描点与最开始的描点自动连接起来，使路径闭合起来。

语法：CanvasRenderingContext2D.closePath ( )。

2.31.3 线型相关属性

1．CanvasRenderingContext2D.ineWidth

用于设置线宽。

语法：CanvasRenderingContext2D.lineWidth = number。

2．CanvasRenderingContext2D.lineCap

用于设置线末端类型。

语法：CanvasRenderingContext2D.lineCap = value

value 可取值为 ' butt' (默认方形)、'round' (圆角)、'square' (突出的圆角)。

3．CanvasRenderingContext2D.lineJoin

用于设置相交线的拐点描述方式。

语法：CanvasRenderingContext2D.lineJoin = value

value 可取值为 ' miter' (默认直角转)、'round' (圆角连接)、'bevel' (平切连接)。

4. 虚线

用于设置开始绘制虚线的偏移量。

语法：CanvasRenderingContext2D.lineDashOffset = number

number 的正负表示左右偏移。

5. 数组

使用数组来描述实现与虚线的长度。

语 法 ： CanvasRenderingContext2D.getLineDash ( ) 、 CanvasRenderingContext2D.set LineDash( )。

6. CanvasRenderingContext2D.strokeStyle

用于设置描边颜色，与 CSS 语法一致。

语法：CanvasRenderingContext2D.strokeStyle = value。

7. CanvasRenderingContext2D.fillStyle

用于设置填充颜色，与 CSS 语法一致。

语法：CanvasRenderingContext2D.fillStyle = value。

2.31.4 运用 canvas 绘图

1. 直线的绘制

示例代码如下：

```
<canvas width="300px" height="300px" id="draw1">
</canvas>
<script type="text/javascript">
    // 获取画布
    var canvas = document.getElementById('draw1');
    // 获取画布的上下文对象
    var d1 = canvas.getContext('2d');
    function drawline(x1,y1,x2,y2,color,number){
        // 开始一条路径
        d1.beginPath();
        // 确定起始点
        d1.moveTo(x1,y1);
        // 确定结束点
        d1.lineTo(x2,y2);
        //设置颜色和线宽，要在设置连接两点前
        d1.strokeStyle = color;
        d1.lineWidth = number;
        // 连接两点
        d1.stroke();
        // 结束路径
```

```
          d1.closePath();
      }
    drawline(50,50,250,50,'red',1);
    drawline(250,50,250,250,'blue',2);
  drawline(250,250,50,50,'green',1);
</script>
```

运行效果如下图所示：

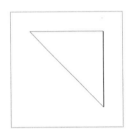

2．矩形的绘制

矩形的绘制需要用到的方法为 fillRect ( )、strokeRect ( )、clearRect ( )。fillRect ( )表示用指定的颜色填充所绘制的矩形；strokeRect ( )表示用指定的描边颜色描边绘制出矩形；clearRect ( )用于清除 canvas 区域内的矩形或消除一部分，生成其他形状。这三种方法的参数都有 4 个：第一个参数表示矩形的 x 坐标，第二个参数表示矩形的 y 坐标，第三个参数表示矩形的宽度，第四个参数表示矩形的高度。

同时，可以通过方法 rect(矩形的 x 坐标,矩形的 y 坐标,矩形的宽度,矩形的高度)先绘制出所需的矩形，然后使用线型相关属性（如 strokeStyle、fillStyle 等）。

示例代码如下：

```
<canvas width="300px" height="300px" id="draw1">
</canvas>
<script type="text/javascript">
  var canvas = document.getElementById('draw1');
  var d2 = canvas.getContext('2d');
  // 绘制矩形
  d2.rect(50,100,200,100);
  // 填充，需要填充和描边时应该先填充后描边
  d2.fillStyle = 'pink';
  d2.fill();
  // 描边
  d2.strokeStyle = 'lightblue';
  d2.lineWidth = 3;
  d2.stroke();
  // 绘制实心矩形
  d2.fillStyle = 'gold';
  d2.fillRect(70,150,200,100);
  // 绘制空心矩形
  d2.strokeStyle = 'lightblue';
  d2.strokeRect(100,120,50,50);
</script>
```

运行效果如下图所示：

3. 路径的绘制

路径的绘制一般用于绘制圆形或者圆弧。主要用到的方法为 context.arc ( )。该方法包括 5 个参数：第一个参数为圆心的横坐标，第二个参数为圆心的纵坐标，第三个参数为半径，第四个参数为起始角度，第五个参数为结束角度，表示是否逆时针（默认为 true，false 表示顺时针）。

示例代码如下：

```html
<script type="text/javascript">
var canvas = document.getElementById('draw1');
var d3 = canvas.getContext('2d');
// 圆形绘制
d3.beginPath();
d3.arc(150,150,80,0,2*Math.PI,false);
d3.closePath();
d3.fillStyle = 'gold';
d3.fill();
d3.strokeStyle = 'lightblue';
d3.stroke();
// 圆弧绘制
d3.beginPath();
d3.arc(150,150,100,0.5*Math.PI,1*Math.PI,false);
//起始角度在坐标系的 x 正半轴
d3.strokeStyle = 'lightblue';
d3.lineWidth = 5;
d3.stroke();
d3.beginPath();
d3.arc(150,150,100,0,1.5*Math.PI,true);
d3.strokeStyle = 'lightgreen';
d3.lineWidth = 5;
d3.stroke();
</script>
```

运行效果如下图所示：

4. 文本的绘制

文本绘制的方法有两种：fillText ( )和 strokeText ( )。fillText ( )方法是在画布上绘制填色的文本，默认为黑色，strokeText ( )方法是在画布上绘制空心的文本。两种方法具体包含 4 个参数：第一个参数表示在画布上输出的文本，第二个参数表示开始绘制文本的 x 坐标，第三个参数表示开始绘制文本的 y 坐标，第四个参数表示允许的最大文本宽度（可不写）。两种方法均以三个属性为基础，分别为 font（字体样式、大小、字体）、textAlign（对齐方式，取值为 start、center、end）、textBaseline（文本基线）。

　　文字样式常常用到的线性渐变是通过 createLinearGradient ( )方法实现的。该方法接收 4 个参数：第一个参数表示起点的 x 坐标，第二个参数表示起点的 y 坐标，第三个参数表示终点的 x 坐标，第四个参数表示终点的 y 坐标。创建渐变对象后需要用 addColorStop ( ) 方法来指定色标，该方法接收 2 个参数：第一个参数表示色标位置（从 0 开始到 1 结束），第二个参数表示颜色值。

　　示例代码如下：

```
<script type="text/javascript">
    var canvas = document.getElementById("draw1");
    var d4 = canvas.getContext('2d');
    d4.beginPath();
    d4.moveTo(0,150);
    d4.lineTo(300,150);
    d4.stroke();
    d4.beginPath();
    d4.moveTo(150,0);
    d4.lineTo(150,300);
    d4.stroke();
    d4.closePath();
    // 设置字体相关样式
    d4.font = '80px 宋体';
    // 文字渐变
    var gradient = d4.createLinearGradient(0,0,canvas.width,0);
gradient.addColorStop("0","lightblue");
  gradient.addColorStop("0.5","gold");
gradient.addColorStop("1.0","lightgreen");
    d4.fillStyle = gradient;
    // 画文字
    d4.fillText("hello!!",50,100);
    // 绘制空心文字
    d4.strokeStyle = gradient;
    d4.strokeText("hello!!",50,250);
    d4.font = "30px 宋体"
    d4.textAlign = "center";
    d4.textBaseline = "middle";
    d4.fillText("出去玩吧",150,150);
</script>
```

　　运行效果如下图所示：

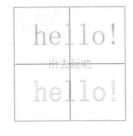

5．阴影的绘制

阴影的绘制要用到 4 种方法，分别为 shadowColor（设置阴影颜色，可以是颜色名字、rgb、rgba、十六进制数值字符串）、shadowBlur（设置阴影模糊程度）、shadowOffsetX（阴影 x 轴偏移量，正值表示在底部和右侧创建阴影，负值表示在顶部和左侧创建阴影）、shadowOffsetY（阴影 y 轴偏移量，特性与阴影 x 轴偏移量相同）。

示例代码如下：

```html
<script type="text/javascript">
  var canvas = document.getElementById("draw1");
  var d5 = canvas.getContext('2d');
  //设置阴影
  d5.shadowColor = "rgba(0,0,0,0.5)"
  //设置阴影颜色
  d5.shadowOffsetX = 4;
  //设置形状或路径 x 轴方向的阴影偏移量，默认值为 0
  d5.shadowOffsetY = 4;
  //设置形状或路径 y 轴方向的阴影偏移量，默认值为 0
  d5.shadowBlur = 3;
  //设置模糊的像素数，默认值为 0，即不模糊
  //绘制矩形
  d5.fillStyle = "gold";
  d5.fillRect(80,80,100,100);
  //绘制蓝色矩形
  d5.fillStyle = "lightblue";
  d5.fillRect(130,130,100,100);
</script>
```

运行效果如下图所示：

2.32　canvas 图像技术有哪些？

2.32.1　drawImage ( )

drawImage ( )方法用于实现在画布上绘制图像、画布或者视频，同时也可以绘制图像的某些部分，以及增加或者减少图像的尺寸。

1．定位图像

使用 drawImage ( )方法在画布上定位图像的具体语法如下：

```
CanvasRenderingContext2D.drawImage(img,x,y);
//img: 要绘制的图像
//x:在画布上放置图像的 x 坐标位置
//y:在画布上放置图像的 y 坐标位置
```

示例代码如下:

```
<script type="text/javascript">
    var canvas = document.getElementById("draw1");
    var d6 = canvas.getContext('2d');
    // 创建图像
    var img = new Image();
    img.src = "beauty.jpg";
    img.onload = function(){
        console.log(img.width,img.height);
        d6.drawImage(img,0,0);
    }
</script>
```

运行效果如下图所示:

2. 定位图像并规定图像宽高

语法如下:

```
CanvasRenderingContext2D.drawImage(img,x,y,width,height);
//img: 要绘制的图像
//x:在画布上放置图像的 x 坐标位置
//y:在画布上放置图像的 y 坐标位置
//width:图像在画布上的宽度
//height:图像在画布上的高度
```

示例代码如下:

```
<script type="text/javascript">
    var canvas = document.getElementById("draw1");
    var d6 = canvas.getContext('2d');
    // 创建图像
    var img = new Image();
    img.src = "beauty.jpg";
    img.onload = function(){
        console.log(img.width,img.height);
        d6.drawImage(img,0,0,100,150);
    }
</script>
```

运行效果如下图所示：

3. 剪切图像并定位被剪切部分

语法如下：

```
CanvasRenderingContext2D.drawImage(img,sx,sy,swidth,sheight,x,y,width,height);
//img: 要绘制的图像
//sx:开始剪切的 x 坐标位置（可选）
//sy:开始剪切的 y 坐标位置（可选）
//swidth:被剪切图像的宽度（可选）
//sheight:被剪切图像的高度（可选）
//x:在画布上放置图像的 x 坐标位置
//y:在画布上放置图像的 y 坐标位置
//width:要使用的图像在画布上的宽度（可选）
//height:要使用的图像在画布上的高度（可选）
```

示例代码如下：

```
<script type="text/javascript">
  var canvas = document.getElementById("draw1");
  var d6 = canvas.getContext('2d');
  // 创建图像
  var img = new Image();
  img.src = "beauty.jpg";
  img.onload = function(){
      console.log(img.width,img.height);
      d6.drawImage(img,80,80,80,80,50,50,200,200);
  }
</script>
```

运行效果如下图所示：

2.32.2 getImageData ( ) 和 putImageData ( )

getImageData ( )方法返回 ImageData 对象，该对象复制了画布指定矩形的像素数据，所复制的像素数据都存在 rgba 值，getImageData ( )方法一共接收 4 个参数。putImageData ( )方法将之前获取到的 imageData 数据渲染到画布中，接收 7 个参数。

语法如下：

```
CanvasRenderingContext2D.getImageData(x,y,width,height);
//x:开始复制的左上角位置的 x 坐标
//y:开始复制的左上角位置的 y 坐标
//width:将要复制的矩形区域的宽度
//height:将要复制的矩形区域的高度
CanvasRenderingContext2D.putImageData(imageData,x,y,dx,dY,dwidth,dheight);
//imageData:要放回画布的 imageData 对象
//x:imageData 对象的左上角位置的 x 坐标
//y:imageData 对象的左上角位置的 y 坐标
//dx:在画布上放置图像的 x 坐标位置（可选）
//dy:在画布上放置图像的 y 坐标位置（可选）
//dwidth:在画布上绘制图像所使用的宽度（可选）
//dheight:在画布上绘制图像所使用的高度（可选）
```

示例代码如下：

```
<script type="text/javascript">
    var canvas = document.getElementById("draw1");
    var d7 = canvas.getContext('2d');
    var img = new Image();
    img.src = "scene.jpg";
    img.onload = function(){
        d7.drawImage(img,0,0);
        //获取像素点
        var copy = d7.getImageData(0,0,100,100);
        console.log(copy);
        d7.putImageData(copy,200,100);
    };
</script>
```

运行效果如下图所示：

第三部分 高级篇

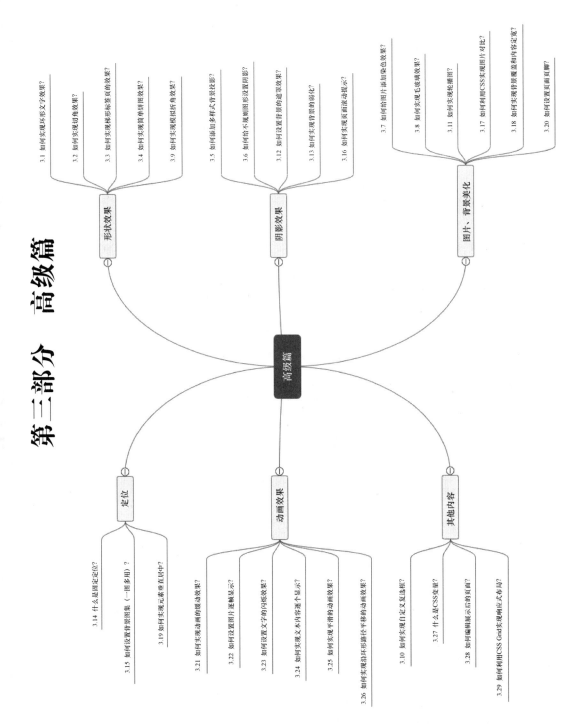

高级篇

形状效果
- 3.1 如何实现环形文字效果?
- 3.2 如何实现切角效果?
- 3.3 如何实现梯形页标签效果?
- 3.4 如何实现简单饼图效果?
- 3.9 如何实现模拟折角效果?

阴影效果
- 3.5 如何添加多样式文字阴影?
- 3.6 如何给不规则图形设置阴影?
- 3.12 如何设置背景的遮罩效果?
- 3.13 如何实现背景的弱化?
- 3.16 如何实现页面滚动提示?

图片、背景美化
- 3.7 如何给图片添加渲染色效果?
- 3.8 如何实现毛玻璃填效果?
- 3.11 如何实现轮播图?
- 3.17 如何利用CSS实现图片对比?
- 3.18 如何实现背景覆盖和内容定宽?
- 3.20 如何设置页面页脚?

定位
- 3.14 什么是固定定位?
- 3.15 如何设置背景图集(一图多用)?
- 3.19 如何实现元素垂直居中?

动画效果
- 3.21 如何实现动画的缓动效果?
- 3.22 如何设置图片文字的闪烁效果?
- 3.23 如何设置文字的闪烁效果?
- 3.24 如何实现文本内容逐个显示?
- 3.25 如何实现平滑的动画效果?
- 3.26 如何实现沿环形路径平移的动画效果?

其他内容
- 3.10 如何实现自定义复选框?
- 3.27 什么是CSS变量?
- 3.28 如何编辑展示后的页面?
- 3.29 如何利用CSS Grid实现响应式布局?

3.1 如何实现环形文字效果?

环形文字效果并不是一个常见的文本效果,但有时一些比较短的文本需要遵循环形路径显示。除使用图片外,还有其他的方案既能实现环形效果又不影响文本的整体美观,即借助一些脚本。

首先将每个字母放置在单独的 span 元素中,然后将它们旋转适合的角度,最后把它们一个一个组合成圆。通过脚本控制旋转角度可以得到下图的效果:

虽然该方法能够实现预期的效果,但也给页面的 DOM 元素添加了很多不必要的标记。下面用另一种方法将"你好呀,世界!欢迎您的到来。"这句话做成环形文本。

最优解就是使用内联 SVG。如果关于这种类型的文本有多个实例,可以写一个简短的脚本来自动生成所需的 SVG 元素,而不必每次都重复这些 SVG 元素。

示例代码如下:

```
.circular svg {
    display: block;
    overflow: visible;
    transition: 10s linear transform;
    }
.circular svg:hover {
    transform: rotate(-2turn);
    }
.circular text {
    fill: currentColor;
    }
.circular path {
    fill: none;
    }
```

JavaScript 可以通过一个 circular 类遍历所有元素,移除文本并把它存储在一个变量中,同时添加必要的 SVG 元素。将此代码进行封装,在需要旋转的文字标签中添加封装好的 circular 类就可以了。

示例代码如下:

```
function $$(selector, context) {
    context = context || document;
    var elements = context.querySelectorAll(selector);
```

```
        return Array.prototype.slice.call(elements);
    }
$$('.circular').forEach(function (el) {
        var NS = "http://www.w3.org/2000/svg";
        var svg = document.createElementNS(NS, "svg");
        svg.setAttribute("viewBox", "0 0 100 100");
        var circle = document.createElementNS(NS, "path");
        circle.setAttribute("d", "M0,50 a50,50 0 1,1 0,1z");
        circle.setAttribute("id", "circle");
        var text = document.createElementNS(NS, "text");
        var textPath = document.createElementNS(NS, "textPath");
        textPath.setAttributeNS("http://www.w3.org/1999/xlink",'xlink:href','#circle');
        textPath.textContent = el.textContent;
        text.appendChild(textPath);
        svg.appendChild(circle);
        svg.appendChild(text);
        el.textContent = '';
        el.appendChild(svg);
});
```

通过以上代码可以实现环形文字效果，移动鼠标，文字旋转方向发生改变。注意，动态图像无法通过书本文档来显现。

运行效果如下图所示：

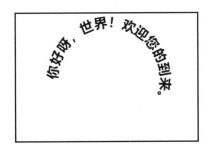

3.2 如何实现切角效果？

有时候，一些切角效果会给网页带来意想不到的效果，也能给网页的浏览者耳目一新的感受。实际上，单纯利用 CSS 就能得到理想的渐变效果。

3.2.1 CSS 渐变方式

第一种实现切角效果的方法是 CSS 渐变。由于线性渐变能够以一个角度作为渐变的方向，并且渐变的距离也可被设置为一个固定值，所以利用这些特点可以实现纯色背景的切角效果。首先，设置一个透明颜色并使其以某一个角度在一定距离内渐变。然后，在渐变结束的位置设置另一种需要的背景色。

示例代码如下：

```
background: linear-gradient(-45deg, transparent 20px, skyblue 0);
```

运行效果如下图所示：

只要让不同的角以相应的角度进行渐变，就可以实现多个角的切角效果。每实现一个角的切角效果，就需要增加一层渐变。但在默认情况下，每层渐变都会填满整个元素，切角就会被背景色遮挡。

为了避免这个问题，需要注意以下两点。

- 利用 background-size 控制背景色的渐变范围。如上图所示，一个角的切角效果需要使背景色铺满整个元素。要实现两个角的切角效果，每层渐变的范围是元素的 1/2 面积。同理，要实现 4 个角的切角效果，每层渐变的范围是整个元素的 1/4 面积。

- 设置 background-repeat 的属性值为 none。这是因为在默认情况下每层渐变图案都会平铺，仍然会相互覆盖。

在此基础上，可以实现 4 个角的切角效果。

示例代码如下：

```
background:
        linear-gradient(135deg, transparent 15px, skyblue 0) top left,
        linear-gradient(-135deg, transparent 15px, skyblue 0) top right,
        linear-gradient(-45deg, transparent 15px, skyblue 0) bottom right,
        linear-gradient(45deg, transparent 15px, skyblue 0) bottom left;
        background-size: 50% 50%;
        background-repeat: no-repeat;
```

运行效果如下图所示：

只需用径向渐变 radial-gradient 来代替上面的线形渐变即可实现弧形切角的效果。

示例代码如下：

```
background:
    radial-gradient(circle at top left, transparent 15px, skyblue 0) top left,
    radial-gradient(circle at top right, transparent 15px, skyblue 0) top right,
    radial-gradient(circle at bottom right, transparent 15px, skyblue 0) bottom
right,
```

```
radial-gradient(circle at bottom left, transparent 15px, skyblue 0) bottom left;
background-size: 50% 50%;
background-repeat: no-repeat;
```

运行效果如下图所示：

3.2.2　CSS 裁剪路径方式

第一种方法只能给纯色的背景设置切角，如果想要给其他类型（如图像等）的背景设置切角，可以使用 clip-path 属性来裁剪出需要的形状。

示例代码如下：

```
background: url("风景图.jpg");
clip-path: polygon(20px 0, 280px 0, 300px 20px, 300px 180px, 280px 200px, 20px 200px, 0 180px, 0 20px);
```

运行效果如下图所示：

3.3　如何实现梯形标签页的效果?

网页标签导航栏常常会使用梯形的导航条，但在 CSS 中没有直接生成梯形的图标，可由矩形变化得到梯形。

想象一下，在三维空间中对二维平面图形进行旋转，在一定的角度观察这个二维平面图形时，观察到的图形会发生一定的形变。如果想要得到一个梯形，最佳方法就是将矩形进行旋转。通过透视，旋转后就会看见一个梯形，设置不同的旋转角度就可以改变透视所得梯形的属性值。通过 CSS 中的 rotateX( ) 属性和 perspective( ) 属性可以模拟该效果，rotateX( )属性指定对象 x 轴上的旋转角度 ，perspective( )属性能够指定透视距离。

示例代码如下：

```
transform:perspective(.5em) rotateX(5deg);
```

如果文字和背景在一个标签中，当对整个标签应用 3D 变形时，文字也会随着背景的旋转而旋转。因此，若不希望文字随之旋转，可以进行如下操作：先在文字内容标签前设置一个伪元素，再对这个伪元素进行 3D 变形。

示例代码如下：

```
nav {
    position: relative;
    display: inline-block;
    padding: 15px;
    font-size: 24px;
    color: white;
    margin: 50px;
}
nav::before {
    content: '';
    position: absolute;
    top: 0;
    left: 0;
    right: 0;
    bottom: 0;
    z-index: -1;
    background: rgb(91, 94, 95);
    transform: perspective(.5em) rotateX(5deg);
}
```

运行效果如下图所示：

梯形标签页

由于没有设置 transform-origin 属性，所以上图中文本不是垂直居中的。transform-origin 属性默认以对象自身中心线为轴进行旋转，因此旋转后在 2D 屏幕上对象尺寸会发生多种变化。指定 transform-origin 为 bottom 即可得到想要的效果，如下图所示：

梯形标签页

当想要得到左侧倾斜或者右侧倾斜的标签页时，可以把 transform-origin 设置为 bottom left 或 bottom right，效果如下图所示：

3.4　如何实现简单饼图效果？

在很多场合下都需要使用饼图，饼图可以使页面看起来更加整洁美观，也能更加直观地展示数据。制作饼图有以下两种方法。

3.4.1　transform

饼图需要两种颜色，一种作为背景色，另一种用于表示不同的比例。根据具体的数据，可以扩大或缩小表示比例的颜色的显示区域。一种方法是在饼图上添加一个与背景色颜色相同的元素，并遮盖表示比例的颜色。通过旋转该元素来改变比例颜色区域（扇形）露出面积的大小，可以利用伪元素实现。

以一个天蓝色背景的圆形图案为基础，在该圆形图案上添加一层渐变，使其一半的区域覆盖灰色，并把灰色作为显示比例的颜色，这样就到了一个一半蓝一半灰的图案。也就是说，灰色能够占据的最大面积是这个圆的 50%。那么，以这个圆为基础的饼图至少可以表示 0%～50%的比例。

示例代码如下：

```
<div class="pie"></div>
.pie {
        width: 200px;
        height: 200px;
        border-radius: 50%;
        background:linear-gradient(to right,transparent 50%,gray 0),skyblue ;
}
```

运行效果如下图所示：

至此已经得到了一个基本的饼图图案，现在可以添加覆盖其上的伪元素了。在设置其 CSS 样式时要注意以下几点。

- 伪元素是用来遮盖灰色部分的，它的背景色应与圆的背景色相同，因此可以直接继承父元素（基础圆）的背景色。
- 在生成这个伪元素时，要以圆的正中间的竖线为起始位置。
- 在旋转这个伪元素时，应当以伪元素左侧边的中点为旋转中心。因为这个点恰好就是基础圆的圆心。

示例代码如下：

```
.pie::before {
        content: '';
        display: block;
        margin-left: 50%;
        height: 100%;
        border-radius: 0 100% 100% 0 / 50%;
        background-color: inherit;
        transform-origin:left ;
}
```

> ### 📚 注意
>
> 　　以上代码的 background-color:inherit;并不会继承父元素背景中的渐变效果。由下图可以看到，现在整个灰色区域都被伪元素遮盖了，因此这个圆看上去就是一个比例为 0%的饼图了。
>
>

　　现在开始旋转这个伪元素。若想得到一个比例为 30%的饼图，露出扇形的面积就要占据整个圆的 30%，那么伪元素的旋转角度就应是 108°（360%×30%=108°）。

　　示例代码如下：

```
.pie::before {
    content: '';
    display: block;
    margin-left: 50%;
    height: 100%;
    border-radius: 0 100% 100% 0 / 50%;
    background-color: inherit;
    transform-origin:left ;
    transform: rotate(108deg);
}
```

　　比例为 30%的饼图，运行效果如下左图所示。

　　但是比例为 75%的饼图不能正常显示，运行效果如下右图所示。

　　在不断修改露出扇形的比例的过程中发现，当比例超过 50%时，饼图就无法正常显示了。这是因为灰色部分能够露出的最大比例就只有 50%。为了使饼图在比例大于 50%时也能正常显示，可以将伪元素的颜色改变为灰色，通过旋转（旋转范围为 0°～180°）来增加灰色的面积。

　　生成一个 55%（只需要再旋转 18°）的饼图。示例代码如下：

```
.pie::before {
    content: '';
    display: block;
    margin-left: 50%;
    height: 100%;
    border-radius: 0 100% 100% 0 / 50%;
```

```
        background-color: gray;
        transform-origin:left ;
        transform: rotate(18deg);
    }
```

运行效果如下图所示：

此外，还可以做一个动画效果，让饼图显示从 0%到 100%匀速变化的过程。

示例代码如下：

```
.pie::before {
        content: '';
        display: block;
        margin-left: 50%;
        height: 100%;
        border-radius: 0 100% 100% 0 / 50%;
        background-color: inherit;
        transform-origin:left ;
        animation: rtt 4s linear infinite,bgc 8s step-end infinite;
    }
@keyframes rtt{
        100%{ transform: rotate(180deg); }
    }
@keyframes bgc{
        50%{ background-color: gray; }
    }
```

虽然得到了一个完整比例范围的饼图，但是 0%～50%和 51%～100%范围的生成方式是不一样的，在批量制造不同比例饼图时就会带来很多不便。

上面用到的动画每一次播放都会完整遍历饼图中的所有比例的样式。因此，可以使用 animation-play-state:paused 将动画暂停到想要的位置，这样就能得到任意比例的饼图了。但这需要动画延迟 animation-delay 的配合，但使用 animation-play-state:paused 就意味着一打开网页动画就暂停了，因此可以给 animation-delay 设置一个负值的延迟值，它表示网页在打开之前就已经提前播放了一段特定时间的动画。例如，将完整的动画时间设置为 100s，若希望把动画暂停在 20%的位置，则动画应该提前播放 20s。在打开网页后，动画就必然会暂停在 20s 的位置，最后会生成一个 20%的比例图。

示例代码如下：

```
.pie::before {
        content: '';
        display: block;
        margin-left: 50%;
        height: 100%;
        border-radius: 0 100% 100% 0 / 50%;
```

```
            background-color: inherit;
            transform-origin:left ;
            animation: rtt 50s linear infinite,bgc 100s step-end infinite;
            animation-play-state: paused;
            animation-delay: -20s;
    }
    @keyframes rtt{
            100%{ transform: rotate(.5turn); }
    }
    @keyframes bgc{
            50%{ background-color: gray; }
```

为了使任意比例都可以产生效果，可以在.pie 上设置一个数值（比例这个值就放到
<div>标签中），然后将一串 JavaScript 代码导入 animation-delay 中。为了方便代码书写，
可以把 animation-delay 设置在类名为 pie 的<div>标签的内联样式中，并让伪元素继承这
个值。

示例代码如下：

```
    .pie {
        text-align: center;
        width: 200px;
        height: 200px;
        border-radius: 50%;
        background:linear-gradient(to right,transparent 50%,gray 0),skyblue ;
    }
    .pie::before {
        content: '';
        display: block;
        margin-left: 50%;
        height: 100%;
        border-radius: 0 100% 100% 0 / 50%;
        background-color: inherit;
        transform-origin:left ;
        animation: rtt 50s linear infinite,bgc 100s step-end infinite;
        animation-play-state: paused;
        animation-delay: inherit;
    }
    @keyframes rtt{
        100%{ transform: rotate(180deg); }
    }
    @keyframes bgc{
        50%{ background-color: gray; }
    window.onload = function () {
        document.querySelectorAll('.pie').forEach(function (pie) {
            var p = pie.textContent.replace('%', '');
            pie.style.animationDelay = '-' + p + 's';
        });
    }
    <div class="pie" style="animation-delay: -1s">20%</div>
    <div class="pie" style="animation-delay: -1s">80%</div>
```

运行效果如下图所示：

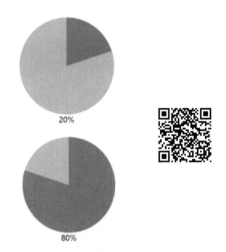

3.4.2　SVG

除了上述的第一种方法，使用 SVG 也可以轻松地制作一个圆。

示例代码如下：

```
<div>
<svg width="80" height="80">
    <circle r="24" cx="40" cy="40"/>
 </svg>
</div>
circle {
        fill: skyblue;
        stroke: gray;
        stroke-width: 32;
}
```

将这个圆的边框样式设置为灰色，宽度为 32。边框可以作为显示比例的扇形，利用 stroke-dasharray 属性可以生成虚线描边。例如，要生成线段长度为 16、间隙为 8 的虚线描边。示例代码如下：

```
        stroke-dasharray:16 8 ;
```

运行效果如下图所示：

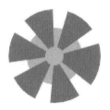

现在要做的是得到一块扇形区域，即只显示一个虚线段，并让这个虚线段能够蔓延到圆形从而形成扇形。

其实，只要把间隙设置为圆的周长（半径为 24 的圆周长约为 151），让这个间隙足够大，就只能看到一条线段。同时，只要这个圆形的半径减小到一定程度，它就可以变成一个扇形。下面给这个半径为 24 的圆设置一个值为 48 的 stroke-width。

示例代码如下：

```
circle {
        fill: skyblue;
        stroke: gray;
        stroke-width: 48;
        stroke-dasharray:60 151;
}
```

以上代码能生成一个类似饼图的圆。

运行效果如下图所示：

再进行微调，设置 SVG 的宽高恰好是 stroke-width 的 2 倍，把 SVG 的背景色设为天蓝，然后利用 border-radius 把它变成圆形再旋转一个角度，饼图就出现了。

示例代码如下：

```
svg {
    background: skyblue;
    border-radius: 50%;
    transform: rotate(-90deg);
}
```

运行效果如下图所示：

下面尝试与 transform 方案中类似的动画效果。

示例代码如下：

```
circle {
        fill: skyblue;
        stroke: gray;
        stroke-width: 48;
        stroke-dasharray:0 151;
        animation: showpie 8s linear infinite;
}
svg {
        background: skyblue;
        border-radius: 50%;
        transform: rotate(-90deg);
}
@keyframes showpie{
    100%{ stroke-dasharray: 151 151; }
}
```

可以发现，虚线段长度和圆周长之比就是饼图显示的比例。如果要实现某个比例的饼图，只需设置对应的虚线段长度和圆周长之比即可。为了方便，把圆的半径设置为 16（半径为 16 的圆周长约为 100），设置 SVG 相应的大小就可以得到一个 20%比例的饼图。

示例代码如下：

```
<svg viewBox="0 0 32 32">
    <circle r="16" cx="16" cy="16"/>
</svg>
circle {
        fill: skyblue;
        stroke: gray;
        stroke-width: 32;
        stroke-dasharray:20 100;
}
```

上述代码可以用 JavaScript 来批量产生饼图比例。可以添加一些类名为 pie 的<div>标签作为 SVG 的父元素，并用.pie 中的文本值作为生成比例的依据。

示例代码如下：

```
.pie{
    text-align: center;
}
circle {
    fill: skyblue;
    stroke: gray;
    stroke-width: 32;

}
svg {
    background: skyblue;
    border-radius: 50%;
    transform: rotate(-90deg);
}
<div class='pie'>20%</div>
<div class='pie'>60%</div>
window.onload = function(){
    document.querySelectorAll('.pie').forEach(function (pie) {
        var p = pie.textContent.replace('%', '');
        var ns = "http://www.w3.org/2000/svg";
        var svg = document.createElementNS(ns,"svg");
        var circle =document.createElementNS(ns,"circle");
        circle.setAttribute("r",16);
        circle.setAttribute("cx",16);
        circle.setAttribute("cy",16);
        circle.setAttribute("stroke-dasharray",p + " 100");
        svg.setAttribute("viewBox","0 0 32 32");
        svg.appendChild(circle);
        pie.appendChild(svg);
    });
```

最终用 SVG 方案实现的效果，如下图所示：

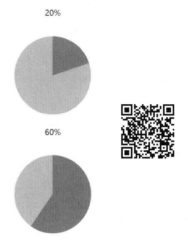

3.5 如何添加多样式背景投影？

给一个平面图形添加背景投影往往能够使图形变得立体，可以利用 CSS 给平面图形添加各种各样的背景投影。

下面介绍三种不同投影样式的实现方式。

3.5.1 背景的单侧投影

通常使用 box-shadow 实现投影效果，指定 2～3 个长度值和颜色值，就能得到具有一个或多个下拉阴影的框，如下图所示：

但这样的效果并不是单侧投影，那应该如何实现呢？

CSS 提供的方法是使用 box-shadow 的第 4 个参数——扩张半径。扩张半径会根据指定值扩大或者缩小投影的尺寸。

示例代码如下：

```
box-shadow: 0 10px 6px -6px yellow;
```

以上代码表示扩张半径的大小为-6px，这使投影的高度和宽度各减少 6px。此时，投影的模糊半径也为 6px，刚好会被扩张半径取消模糊效果。投影的尺寸与投影元素的尺寸完全相同，所以只会看到底侧投影。

运行效果如下图所示：

3.5.2 背景的邻边投影

首先，为了只隐藏一侧的阴影，扩张半径不能设为模糊半径的相反值，而应设为相反值的一半。然后，在水平和垂直方向上同时指定两个偏移量，这两个偏移量有大小限制，它们的值必须要大于或等于模糊半径的一半，只有这样才能把投影隐藏到另两条边中。

示例代码如下：

```
background-color: rgba(74, 142, 243, 0.726);
box-shadow: 12px 12px 6px -3px yellow;
```

运行效果如下图所示：

3.5.3 背景的双侧投影

由于扩张半径在 4 个方向上的扩大或缩小的范围是一样的，所以不能单独指定一个方向上扩大，而另一个方向上缩小。但是根据上述单侧投影的知识，运用两次单侧投影的方法就可以得到双侧投影的效果。

示例代码如下：

```
box-shadow: 12px 0 6px -6px yellow,
            -12px 0 6px -6px yellow;
```

运行效果如下图所示：

3.6 如何给不规则图形设置阴影?

前面已经使用过 box-shadow( )给一个矩形添加各种阴影,但是,在元素应用了伪元素、半透明边框或图像等的情况下,box-shadow( )产生的阴影效果就不太理想。

如下图所示:

使用 filter 属性可以解决上述问题。filter 中的 drop-shadow( )滤镜可以给图像设置一个阴影效果,与 box-shadow( )属性相似。box-shadow( )只是盒子的阴影,当图像中间有透明部分时,透明部分依然会有投影。但是 drop-shadow( )更符合真实世界的投影,非透明的部分有投影,而透明部分则没有投影。

示例代码如下:

```
box-shadow: 2px 2px 10px rgba(0, 0, 0, 0.5);
```
改写成:
```
filter: drop-shadow(2px 2px 10px rgba(0, 0, 0, 0.5));
```

运行效果如下图所示:

📚 注意

使用 drop-shadow( )滤镜给元素添加投影时,任何非透明的部分都会被添加投影,包括透明背景的文本,如下图所示:

I like shadows..

能否够通过设置 text-shadow：none;来取消 drop-shadow( )滤镜给文本设置的投影呢？

答案是否定的。text-shadow 与 drop-shadow( )滤镜与文本产生的投影效果没有直接关系。使用 text-shadow 给文本设置投影，使用 drop-shadow( )滤镜会给投影再添加一层投影，这样也会产生"糟糕"的效果，如下图所示：

3.7　如何给图片添加染色效果?

为了使页面看起来整洁一致，可以利用图像处理软件将彩色图片转换为色调一致的图片后再使其显示在页面中。在鼠标指针经过这些图片时，图片的两种样式可以交替显现。这种方法需要准备两种版本的图片，极大地增加了工作量。

其实可以用简单的方法来实现同样的效果。

3.7.1　滤镜（filter）

多种不同的滤镜组合起来可以实现染色的效果。sepia( )滤镜可以给图片增加棕褐色染色效果。saturate( )滤镜用于设置图片的饱和度。hue-rotate( )滤镜会将图片的色相以一定的角度进行旋转，0deg 表示原图。将以上 3 种滤镜组合使用并调整各个滤镜的参数就能得到不同的染色效果。

示例代码如下：

```
filter: sepia(80%), saturate(3), hue-rotate(100deg);
```

首先，为图片添加 sepia( )滤镜作为第一层滤镜，如下图所示：

给图片添加了 sepia( )滤镜后，图片会产生一种褪色的效果。在 sepia( )滤镜的基础上为图片叠加 saturate( )滤镜，图片产生了一种橙金色效果，如后图所示：

最后，叠加 hue-rotate( )滤镜，通过改变图片的色相使图片的色调发生变化，如下图所示：

最终得到的效果与原图相比，图片的样式发生了很大的改变。通过修改以上多种滤镜的参数值可以得到不同的效果。如果要使图片在两种样式之间切换，只需要给图片设置:hover，当鼠标指针悬停在图片上时取消滤镜样式就能够得到原图。

示例代码如下：

```
img:hover { filter: none;}
```

3.7.2　混合模式

除滤镜方案外，混合模式（luminosity）也是一种行之有效的方法。这种方法将上层元素和下层元素的颜色进行混合，主色调位于下层，需要处理的图片位于上层。利用 mix-blend-mode 属性或者 background-blend-mode 属性就能给元素设置混合模式。

mix-blend-mode 可以直接给整个元素设置混合模式，需要把待处理的图片（image）放在一个容器中并将主色调作为容器的背景色（background-color）。

示例代码如下：

```
<div class="box">
        <img src="1.jpg" alt="">
</div>
```

如上所述，将图片放在<div>容器中。下面需要将<div>标签的背景色设置为主色调并将<img>标签的 mix-blend-mode 属性设置为混合模式。

示例代码如下：

```
.box {
/* 将背景色设置为照片的主色调 */
  background: hsl(100, 400%, 50%);
}
.box img {
  mix-blend-mode: luminosity;
}
```

background-blend-mode 则单独给每层背景设置混合模式，需要把<div> 标签的第一层背景设置为需要处理的图片（background-image），再将第二层设置为需要的主色调。因此，在<div>标签中无须添加图像元素。

示例代码如下：

```
<div class="box"></div>
/*确保背景图片能够完全覆盖背景区域 */
background-size: cover;
background-image: url("1.jpg");
background-color: hsl(100, 400%, 50%);
```

运行效果如下图所示：

如果希望给利用 background-blend-mode 设置混合属性的图片添加动画效果，只需将背景色设置为透明，对<div>标签设置 CSS 样式即可。

对比前两幅图片，混合模式实现的染色效果比滤镜方式生成的染色效果更加鲜艳，而滤镜模式添加动画效果更加方便。最终采用何种方式还取决于具体需求。

3.8　如何实现毛玻璃效果?

毛玻璃效果就是将文本内容框置于背景框的上层，它的实现与半透明背景相关。

首先给 body 和 main 设置背景，为 body 设置图片背景，为 main 设置白色透明背景，透明度为 0.1。

示例代码如下：

```
body, main::before {
    background: url(images/01.jpg) 0/cover fixed;
```

```
    }
main {
    width: 500px;
    height: 500px;
    background: hsla(0, 0%, 100%, 0.1);
    }
```

运行效果如下图所示：

上述设置会导致文字可读性不高，将不透明度增加到 0.7 时，示例代码如下：

```
main {
    background: hsla(0, 0%, 100%, 0.7);
    }
```

运行效果如下图所示：

此时，背景图上的文本可读性增加，但是背景图的显现达不到预期效果。为了解决这个问题，可以利用 blur( )滤镜对被文本内容覆盖的图片部分进行模糊处理。但实际上加滤镜的方式只会让文本可读性变得更差。

解决这个问题的方法如下。

对 main 元素进行伪类的模糊处理，模糊处理的效果会覆盖整个 main 元素盒子。

示例代码如下：

```
main::before {
    content: '';
    position: absolute;
    top: 0;
```

```
        left: 0;
        bottom: 0;
        right: 0;
        filter: blur(20px);
    }
```

运行效果如下图所示：

观察上图发现，模糊处理后文字文本无法显示，边缘模糊效果不佳，main 元素边框外侧部分也被模糊了。为了解决上述问题，对 main 元素伪类进行如下处理。

示例代码如下：

```
main::before {
    z-index: -1;//让模糊背景置于文本下面，不影响文本的阅读
    margin: -30px;//让模糊范围充斥着整个**main**元素空间
}
```

运行效果如下图所示：

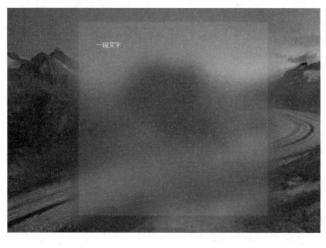

main 元素边框内侧的模糊度达到了要求，但是模糊处理超出了 main 元素的边框。这里需要将超出的部分隐藏起来，对 main 进行如下操作。

示例代码如下：

```
main {
    overflow: hidden;//把超出 main 元素边框的模糊效果隐藏
}
```

运行效果如下图所示：

示例代码如下：

```
<body>
<main>一段文字</main>
</body>
body, main::before {
        background: url(images/01.jpg) 0/cover fixed;
    }
    main {
        width: 500px;
        height: 500px;
        margin: 100px auto;
        box-sizing: border-box;
        padding: 3em;
        background: hsla(0, 0%, 100%, .01);
        position: relative;
        color: #fff;
        overflow: hidden;
    }
    main::before {
        content: '';
        position: absolute;
        top: 0;
        left: 0;
        bottom: 0;
        right: 0;
        filter: blur(20px);
        margin: -30px;
        z-index: -1;
    }
```

3.9　如何实现模拟折角效果？

给一段文本内容添加折角效果会更接近真实世界的纸张。折角效果也会让页面更加美观，富有新意。折角效果的样式如右图所示。

要实现这样的效果并不难，常用的做法是：在原有的矩形容器的右上角，利用边框属性模拟两个小三角形。一个三角形的颜色设置为大容器覆盖之下的背景色，遮住大容器的右上角，模拟出切角；另一个三角形则用来模拟折角。但缺点是，当大容器下的背景不是纯色而是一层渐变或者一层图片等情况时，用于覆盖的三角形就很不方便了；如果要求折角不以 45°角显示，而是以另一个角度"翻折"时，单纯用边框机制得到一个三角形几乎是不可能的。

3.9.1　45°折角

前面已经使用过盒子的"切角效果"和 linear-gradient 渐变的用法。下面可以尝试先使用一层渐变给盒子切除一个角，再用另一层渐变做出一个三角形的样式作为折角效果。

示例代码如下：

```
background: skyblue;
background: linear-gradient(-135deg,transparent 50%,gray 0) 100% 0 / 1.5em 1.5em
no-repeat,linear-gradient(-135deg,transparent 1.06em,skyblue 0);
```

运行效果如右图所示。

在生成折角的渐变中，设置宽高为 1.5em，而用于生成切角渐变的 transparent 色标中，为何设置 1.06em 这样一个"不太寻常"的扩展值呢？

原因在于，transparent 色标中的扩展值度量的是 transparent 起始位置沿着渐变轴方向到达 transparent 结束位置的距离。两处渐变都是从同一位置 P（盒子的右上角）向右下角出发的。因此，只要满足折角渐变的宽高 y 为切角渐变的 transparent 的扩展值 x 的 $\sqrt{2}$ 倍，两个渐变的大小就恰好可以实现一个折角所需的效果了，而 1.06 的 $\sqrt{2}$ 倍近似为 1.5。如下图所示：

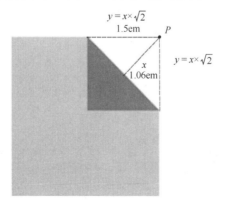

此外，上层模拟折角的渐变始终是一个三角形，且盒子右上角切角渐变的朝向始终是该渐变的左下角。因此，可以修改代码中对折角渐变的朝向，将渐变的-135deg 改为 to left bottom。修改后，就不再需要根据折角的形状修改角度值，书写代码更加方便。

修改的代码如下：

```
background: linear-gradient(to left bottom,transparent 50%,gray 0) 100% 0 / 1.5em
1.5em no-repeat,linear-gradient(-135deg,transparent 1.06em,skyblue 0);
```

3.9.2 其他角度折角

45°的折角效果已经实现，修改上面代码中的一些参数能够实现其他角度的折角效果吗？下面以 60°折角为例进行讨论。

首先，计算在该角度下，"翻折"的三角形的宽高值。在已知切角渐变 transparent 拓展值 x=1.06em 的情况下，求出折角渐变所需的宽高值分别近似为 1.2em 和 2.12em。如下图所示：

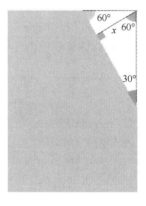

示例代码修改如下：

```
background: skyblue;
background: linear-gradient(to left bottom,transparent 50%,gray 0) 100% 0 / 1.2em
2.12em no-repeat,linear-gradient(-120deg,transparent 1.06em,skyblue 0);
```

运行效果如下左图所示。

此图虽然实现了 60°折角效果，但是这个效果并不自然。一张真正的纸以 60°角翻折后形成的效果并不是这样。纸张翻折后，折角与这张纸缺失的角应关于折线的线对称，如下右图所示。

THIS IS A LITTLE CANDY
which is very sweet
boys and girls like it
THIS IS A LITTLE CANDY
which is very sweet
boys and girls like it

THIS IS A LITTLE CANDY
which is very sweet
boys and girls like it
THIS IS A LITTLE CANDY
which is very sweet
boys and girls like it

以两个渐变模拟切角和折角的方式为基础，继续对上述不自然的折角效果进行分析可以发现，这个折角和盒子的缺失角关于折线对称。因此，将上一段代码中折角渐变的高宽尺寸对调，同时使这个折角三角形旋转一定角度，让折角的斜边与折线重合。如果顺时针旋转，那么旋转的角度就为 30°。其中，30°=60°-（90°-60°）。

如何让这个折角三角形进行旋转呢？

由于渐变背景无法旋转，所以需要使用伪元素。

示例代码如下：

```
.candy {
  position: relative;
  background: skyblue;
  background:linear-gradient(-120deg,transparent 1.06em,skyblue 0);
}
.candy::before {
  content: '';
  position: absolute;
  top: 0;
  right: 0;
  background:linear-gradient(to left bottom,transparent 50%,gray 0) 100% 0
no-repeat;
  height:1.2em;
  width:2.12em ;
  transformrotate(30deg);
```

运行效果如下图所示：

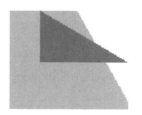

在旋转的过程中，由于旋转中心没有设置为指定点，所以折角发生了移位。要对这个偏移量进行调整是很困难的。一个简单的做法就是以模拟折角的伪元素左上角为旋转中心，此时左上角固定，只需把左上角调整到正确位置并调整好旋转角度，整个图形的位置和角度就正确了。如下图所示：

代码中要把伪元素的左上角作为旋转中心，同时设置伪元素的偏移量。偏移量与左上角旋转中心点移动到合适位置所需要的偏移量是相等的。

由于伪元素左上角始终靠在大容器的顶部，因此折角只在水平方向上有位移，而这个偏移量恰好等于伪元素的宽度减去高度的值，并且位移向右。

示例代码如下：

```
.candy {
  position: relative;
```

```
        background: skyblue;
        background:linear-gradient(-120deg,transparent 1.06em,skyblue 0);
    }

    .candy::before {
        content: '';
        position: absolute;
        top: 0;
        right: 0;
        background:linear-gradient(to left bottom,transparent 50%,gray 0) 100% 0
no-repeat;
        height:1.2em;
        width:2.12em ;
        transform: translateX(0.92em) rotate(30deg);
        transform-origin: top left;
    }
```

运行效果如下图所示：

下面再给它添加一些立体效果，修改偏移量以消除误差（偏移量误差是使用三角函数计算元素边长时产生的，不可避免）。

示例代码如下：

```
    .candy {
        position: relative;
        background: skyblue;
        background:linear-gradient(-120deg,transparent 1.06em,skyblue 0);
        border-radius: .5em;
    }
    .candy::before {
        content: '';
        position: absolute;
        top: 0;
        right: 0;
        background:linear-gradient(to left bottom,transparent 50%,gray 0) 100% 0
no-repeat;
        height:1.2em;
        width:2.12em ;
        transform: translateX(0.92em) rotate(30deg);
        transform-origin: top left;
        border-bottom-left-radius:inherit;
        box-shadow: -0.1em 0.2em 0.2em -0.1em rgba(0,0,0,0.34);
    }
```

运行效果如下图所示：

其他角度折角的实现也可以采用同样方法，为了避免烦琐的代码修改，需要使用预处理器的 mixin。

示例代码如下：

```scss
@mixin dog-ear($background,$size,$angle: 60deg){
  position: relative;
  background: $background;
  background: linear-gradient($angle - 180deg,transparent $size,$background 0);
  border-radius: .5em;

  $x:$size / sin($angle);
  $y:$size / cos($angle);
  &::before {
      content: '';
      position: absolute;
      top: 0;
      right: 0;
      background:linear-gradient(to left bottom,transparent 50%,gray 0) 100% 0
                no-repeat;
      width: $y;
      height: $x;
      transform: translateX($y - $x) rotate(2*$angle - 90deg);
      transform-origin: top left;
      border-bottom-left-radius:inherit;
      box-shadow: -0.1em 0.2em 0.2em -0.1em rgba(0,0,0,0.34);
  }
.candy{
  @include dog-ear(skyblue,1.5em,50deg);
}
```

3.10　如何实现自定义复选框？

3.10.1　自定义复选框

目前，对多数浏览器中的复选框和单选按钮不能设置样式，只能使用默认样式或使用 div 和 JavaScript 来模拟这两个控件。是否有其他代码简洁、结构分明的方法能够自由地设置复选框和单选按钮呢？

　　CSS3 提供了一个新的伪类选择符:checked。checked 伪类选择器用于匹配所有被选中的单选按钮或复选框。由于没有多少样式能够对复选框起作用，可以设置通常与<input>标签一起使用的<label>标签。当用户单击<label>标签中的文本时，浏览器就会自动将焦点转移到和该标签相关联的控件上。由于<label>标签可以添加伪元素，所以将<label>标签与复选框搭配，就可以触发复选框样式。将原本的复选框隐藏，再通过对<label>标签进行美化，起到复选框美化的作用。

　　总结以上思路，先搭建好框架。

　　示例代码如下：

```
<input type="checkbox" id="checkbox_1" />
<label for="checkbox_1">Look at me</label>
```

再利用伪元素作为美化版的复选框，并为其设置样式。示例代码如下：

```
input[type="checkbox"] + label::before{
    content: '\a0';
    display: inline-block;
    vertical-align: .1em;
    width: .8em;
    height: .8em;
    margin-right: .2em;
    border-radius: .2em;
    background:pink;
    text-indent: .15em;
    line-height: .65;
}
```

运行效果如下图所示：

美化后，原来的复选框依然存在。

下面给勾选的复选框加上样式。

示例代码如下：

```
input[type="checkbox"]:checked + label::before{
    content: '\2713';
    background: powderblue;
}
```

复选框的样式已经发生了改变，如下图所示：

　　将原来的复选框隐藏并使其处于可访问的状态。此处不能用 display:none;实现，因为这种方法会将它从 Tab 键焦点的队列中删除。可以使用 clip 属性来裁剪原来的复选框。

　　示例代码如下：

```
input[type="checkbox"]{
```

```
        position: absolute;
        clip: rect(0,0,0,0);
    }
```

至此完成了复选框的美化效果。还可以给它添加样式。

示例代码如下：

```
input[type="checkbox"]:focus + label::before{
    box-shadow: 0 0 .1em .1em #6492b1;
}
input[type="checkbox"]:disabled + label::before{
    background: gray;
    box-shadow: none;
    color: #666;
}
```

运行效果如下图所示：

3.10.2 开关按钮

开关按钮用于改变开关状态，它的设置方法与自定义复选框类似。按钮下凹表示开启状态，上凸表示关闭状态。用自定义复选框的方式生成开关按钮，只需用 label 将复选框样式修改为按钮样式即可。

示例代码如下：

```
input[type="checkbox"]{
    position: absolute;
    clip: rect(0,0,0,0);
}
input[type="checkbox"] + label{
    display: inline-block;
    padding: .3em .5em;
    background:lightsteelblue;
    background-image: linear-gradient(rgb(145,175,192),rgb(126,181,226));
    border: 1px solid rgba(0,0,0,.2);
    border-radius: .3em;
    box-shadow: 0 1px white inset;
    text-align: center;
    text-shadow: 0 1px 1px white;
}
input[type="checkbox"]:checked + label,
input[type="checkbox"]:active + label{
    box-shadow:.05em .1em .2em rgba(4, 185, 240, 0.6) inset;
    border-color: rgba(0,0,0,.2);
```

```
    background: lightblue;
    }
```

运行效果如下图所示：

3.11   如何实现轮播图？

在很多网页中都会用到轮播的特效，那么轮播效果是怎么实现的呢？

下面制作一个这样的轮播效果：单击图片下部的小圆点，根据所单击的小圆点切换到对应的图片。

首先，用三个<li>标签分别表示三个轮播的图片，再用<input>标签与<label>标签搭配作为切换图片的小圆点，便于将切换的小圆点设置成期望的样式。

示例代码如下：

```
<ul class="slides">
    <input type="radio" id="control-1" name="control" checked>
    <input type="radio" id="control-2" name="control">
    <input type="radio" id="control-3" name="control">
    <li class="slide">1</li>
    <li class="slide">2</li>
    <li class="slide">3</li>
    <div class="circle">
      <label for="control-1"></label>
      <label for="control-2"></label>
      <label for="control-3"></label>
    </div>
</ul>
```

此时可以看到三个小圆点和作为轮播的<li>标签。

运行效果如下图所示：

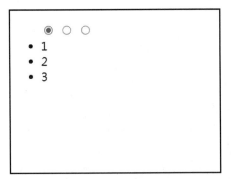

然后，给<ul>标签设置宽高，由<li>标签继承，并改变<li>标签的背景颜色，将它们横向排列，同时设置文字样式。

示例代码如下：

```
.slides{
        position: relative;
        width: 600px;
        height: 280px;
        list-style: none;
        margin: 0;
        padding: 0;
        background-color: #eee;
    }
.slide{
        margin: 0;
        padding: 0;
        width: inherit;
        height: inherit;
        position: absolute;
        display: flex;
        justify-content: center;
        align-items: center;
        font-family: Arial, Helvetica, sans-serif;
        font-size: 100px;
        color: white;
}
    .slide:nth-of-type(1){
        background-color: lightgoldenrodyellow;
    }
    .slide:nth-of-type(2){
        background-color: lightskyblue;
        left: 100%;
    }
    .slide:nth-of-type(3){
        background-color: lightslategray;
        left: 200%;
    }
```

三个不同颜色的背景图横向紧密排布，如下图所示：

接着，将超出的部分隐藏，并提高小圆点的层级。

示例代码如下：

```
.slides{
        overflow: hidden;
    }
input[type="radio"]{
        position: relative;
        z-index: 100;
    }
```

运行效果如下图所示:

此时可以开始修改小圆点的样式。将小圆点的颜色设置为白色,并添加左右边距将小圆点分离。

示例代码如下:

```
.circle{
        position: absolute;
        width: 100%;
        bottom: 12px;
        text-align: center;
    }
.circle label{
        display: inline-block;
        width: 10px;
        height: 10px;
        background-color: white;
        border-radius: 50%;
        margin: 0 3px;
        border:2px solid #fff;
    }
```

小圆点样式已经出现了,如下图所示:

现在还需解决两个问题:一是如何改变图片底部被选中的小圆点的样式;二是如何将底部的小圆点与图片的切换相匹配。

这时就需要用到 CSS3 中特有的"~"选择器。例如,p~ul 表示选择 p 后出现的所有 ul。注意,这两种元素必须拥有相同的父元素。利用"~"选择器,可以选出处于勾选状态的小圆点。给选出的小圆点设置一个不同颜色的边框。

示例代码如下:

```
.slides input[type="radio"]:nth-of-type(1):checked ~
.circle label:nth-of-type(1){
        border-color: thistle;
    }
.slides input[type="radio"]:nth-of-type(2):checked ~
    .circle label:nth-of-type(2){
```

```
                border-color: thistle;
        }
.slides input[type="radio"]:nth-of-type(3):checked ~
.circle label:nth-of-type(3){
            border-color: thistle;
        }
```

运行效果如下图所示：

可以看到，底部的小圆点与左上角小圆点选中的位置完全一致，此时只需将左上角的小圆点隐藏即可。

同理，将对应的图片向左移动相应的位置，就能够保证在单击不同的小圆点时能够切换到对应的图片上。

示例代码如下：

```
.slides input[type="radio"]:nth-of-type(1):checked ~ .slide {
    transform: translateX(0%);
}
.slides input[type="radio"]:nth-of-type(2):checked ~ .slide {
    transform: translateX(-100%);
}
.slides input[type="radio"]:nth-of-type(3):checked ~ .slide {
    transform: translateX(-200%);
}
```

这样得到了小圆点切换图片的效果。

运行效果如下图所示：

至此轮播的效果已经基本完成，只是切换还比较生硬。最后添加一个过渡动画就可以了。

示例代码如下：

```
transition: .5s transform ease-in-out;
```

这里设置了 ease-in-out，产生以慢速开始和慢速结束的过渡效果，最终得到了理想的轮播图效果。

3.12 如何设置背景的遮罩效果？

如果想要突出页面中的某个元素，常用的方法是给背景增加一层"遮罩"来达到弱化背景的效果，但是这种方法往往需要单独增加一个 HTML 元素。如果想用 CSS 单独实现这个效果，有 3 种方法可以选择。

3.12.1 伪元素

可以用伪元素来代替单独增加的 HTML 元素。首先，给需要突出的元素添加::before 伪元素。其次，为了确保遮罩效果位于需要突出的元素之后，需要设置伪元素的 z-index 为−1。示例代码如下：

```
div::before {
    content: "";
    position: fixed;
    top: 0;
    right: 0;
    bottom: 0;
    left: 0;
    background: rgba(0, 0, 0, .8);
    z-index: -1;
}
```

运行效果如下图所示：

3.12.2 box-shadow

由于 box-shadow 生成的投影可以朝元素的各个方向扩张，所以只需将 box-shadow 中的阴影尺寸设置得足够大就能够实现遮罩效果。需要注意的是，生成的投影无须设置偏移量和模糊量。

同时，为了确保遮罩层总是能够覆盖整个页面，尽量采用视窗单位而非像素单位。

视窗单位如下：

- vm：1vm 相当于视窗宽度的 1%。
- vh：1vh 相当于视窗高度的 1%。
- vmax：vm 和 vh 中的较大值。
- vmin：vm 和 vh 中的较小值。

由于元素的投影是同时向 4 个方向扩张的，所以只需将投影尺寸设置为 50vmax 就能够使遮罩层覆盖整个视窗页面。

示例代码如下：

```
box-shadow: 0 0 0 50vmax rgba(0, 0, 0, .7);
```

最终实现的效果与上图一致。

3.12.3 backdrop

当需要突出的元素是一个对话框或者窗口时，可以采用 backdrop 方案，使用 dialog 元素来定义对话框或者窗口。由于 dialog 元素可以由 showModal ()显示出来，所以在这样的情况下页面会自带一个遮罩层。通过::backdrop 伪元素可以修改这个自带的遮罩层的样式。

::backdrop：可以对任何处于全屏模式下的窗口进行渲染。

示例代码如下：

```
dialog::backdrop {
        background: rgba(0, 0, 0, .7);
    }
//设置单击按钮，单击后窗口弹出
<button onclick="showDialog()">Show Dialog Box</button>
<dialog id="dim"> hello world </dialog>
<script>
    var dim = document.getElementById("dim");
    function showDialog() {
        dim.showModal();
    }
</script>
```

单击弹出窗口的按钮后，窗口底部会自动生成一个遮罩层，如下图所示：

虽然这种方法存在兼容性问题，但是并不会对页面中的各个功能的实现造成影响。

3.13　如何实现背景的弱化？

前面介绍过运用半透明的遮罩层来弱化页面背景。下面提供一种更简便的用于营造"景深效果"的方法，即留下关键元素，把其他多余的元素经模糊处理并配合阴影效果。

首先，使用 blur( )函数进行模糊处理，同时新增 HTML 元素。

在编写代码时需要注意：留出需要显示的关键文字内容，其余内容用一个标签包裹起来，然后把 JavaScript 和 CSS 的代码联合使用，呈现出想要的效果。

HTML 示例代码如下：

```
    <main>
    HTML 代码页面中，需要把页面上除关键元素外的一切都包裹起来，这样就可以只对这个容器
元素进行模糊处理了。
        <button class="btn">展示 dialog</button>
    </main>
    <dialog>你好世界，欢迎来到编程世界。</dialog>
```

在 CSS 中设置页面基本样式的代码如下：

```
main {
width: 700px;
margin: 50px auto;
transition: .6s;
background: white;
    }
```

运行效果如下图所示：

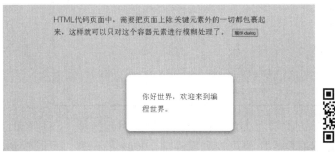

下面在 JavaScript 中绑定单击事件，注册按钮单击触发事件。

JavaScript 示例代码如下：

```javascript
dialog.onclick = function () {
    if (dialog.close) {
        dialog.close();
    }
    else {
        dialog.removeAttribute('open');
    }
    main.classList.remove('de-emphasized');
}
```

背景图未做模糊处理的效果如下图所示：

每弹出一个对话框，都需要给 main 元素增加一个伪类来进行模糊处理。

示例代码如下：

```css
main {
    transition: .4s filter;//实现动画过渡。美化视觉效果，可以让这个变化慢慢出现
}
main.de-emphasized {
    filter: blur(3px);//模糊处理
}
```

运行效果如下图所示：

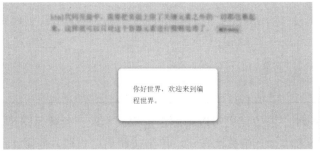

3.14　什么是固定定位？

在某些时候，希望浏览器中某个元素可以固定在浏览器可视区的指定位置，当浏览器页面滚动时元素位置也不发生改变，应该如何实现呢？

此时要用到 position 属性中的 fixed 值，表示生成固定定位的元素，相对于浏览器窗口进行定位。例如，在浏览器中放置一个元素，将它固定在浏览器左上角。

示例代码如下：

```
position: fixed;
top: 0;
left: 0;
```

运行效果如下图所示：

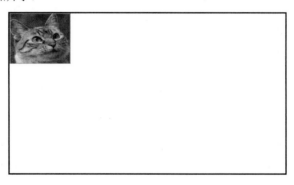

可以看到，图片紧贴浏览器左上角。改变浏览器的可视区域，图片依旧紧贴浏览器左上角。将图片置于浏览器右侧，距离可视区域上部 100px 的位置。可以看到，当浏览器内容很多时，拖动滚动条，图片位置也不随滚动条滚动。

运行效果如下图所示：

在浏览器中常见的一种广告效果也可以用固定定位来实现。具体思路是，将图片固定在浏览器右侧，在图片下方添加一个关闭按钮，单击按钮后可将图片隐藏。

示例代码如下：

```
            .ad{
                position: fixed;
                top: 100px;
                right: 0;
            }
            .close{
                width: 20px;
                height: 20px;
                border: 2px solid gray;
                text-align: center;
                position: fixed;
                top: 304px;
            }
    <script>
        var ad = document.querySelector('.ad');
        var close = document.querySelector('.close');
        close.addEventListener('click',function(){
            ad.style.display = "none";
        })
    </script>
```

可以看到，当单击底部关闭按钮时，图片消失；当刷新页面时，图片又再次显示出来了。

运行效果如下图所示：

3.15　如何设置背景图集（一图多用）？

很多大型网页在首次加载时都会加载很多的小图片，但是这样会造成在同一时间段服务器拥堵的现象。为了解决这一问题，可以采用精灵图这一技术。

精灵图的本质是，把很多小图片合并到一幅较大的图片里，在首次加载页面时，不用加载过多的小图片，只需加载包含所有小图片的大图片即可。这样在一定程度上减少了页面的加载时间，也缓解了服务器的压力。

如何使用精灵图呢？

首先，准备一幅存放了许多小图片的大图片，然后利用测量工具测量出相应小图片的位置，如下图所示：

记录下此时"s"的 x 坐标和 y 坐标，用同样方法将所有需要的小图片位置记录好。
准备工作做好以后开始搭建 HTML 结构并书写 CSS 样式。
示例代码如下：

```
<body>
    <span class="c"></span>
    <span class="s"></span>
    <span class="s"></span>
</body>
.c ,
.s{
    float: left;
    width: 110px;
    height: 110px;
    background: url(abc.jpg);
}
```

将精灵图设为一个大背景，测量每个小图片的宽高作为标签的宽高。
运行效果如下图所示：

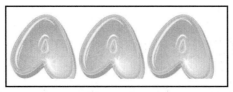

最后通过 background-position 移动背景图，第一个值是水平位置，第二个值是垂直位置。需要注意的是，图片坐标的起始位置是图片的左上角顶点，因此 x 坐标和 y 坐标的移动值必须是负值。
示例代码如下：

```
.c {
    background-position: -242px -8px;
```

```
        }
    .s {
        background-position: -257px -420px;
    }
```

运行效果如下图所示：

3.16 如何实现页面滚动提示？

当用户在网页中滚动某个页面或者某个列表时，一个优雅的滚动提示效果可以增强用户的体验感。窗口顶部或者底部有阴影效果，用于提示用户在这个方向上还有内容；当窗口处于列表中部时，窗口顶部和底部都有一层灰色阴影；当窗口处于列表顶部或底部无法滚动时，阴影就消失了，如下图所示：

Compendium of Materia Medica	The Water Margin	Pilgrimage to the West
History as a Mirror	Strange Stories from a Chinese	Three Kingdoms
the book of odes	Dream of Red Mansions	The Water Margin
The west chamber	Compendium of Materia Medica	Strange Stories from a Chinese
Pride and Prejudice	History as a Mirror	Dream of Red Mansions
Robinson Crusoe	the book of odes	Compendium of Materia Medica
Adventure Little Tiger	The west chamber	History as a Mirror

如何利用 CSS 实现这样的效果呢？

首先，要给无序列表添加样式，保证 ul 元素的高度比内部的元素内容更短，进而产生滚动效果。

示例代码如下：

```
ul {
    width:18em;
    height: 10em;
    list-style: none;
    overflow:auto;
    border: 1px solid gray;
}
```

接着，给 ul 元素顶部创建一层阴影。

示例代码如下：

```
background: radial-gradient(at top,rgba(0,0,0,.8),transparent 70%) no-repeat;
background-size: 100% .5em;
```

此时，无论如何滚动列表，这层阴影都"悬挂"在 ul 元素的顶部。原因在于 background-attachment 属性的默认值为 scroll，设置了这个默认值的背景相对于元素本身固定而不受滚动的影响。

运行效果如下图所示：

> Strange Stories from a Chinese
> Dream of Red Mansions
> Compendium of Materia Medica
> History as a Mirror
> the book of odes
> The west chamber
> Pride and Prejudice

当元素滚动到顶部时，顶部的阴影应消失。因此，需要额外设置与元素覆盖的背景色相同的渐变背景作为覆盖阴影的背景。这里需要给渐变背景设置：background-attachment: local，使渐变背景跟随内容的滚动而滚动。如果把它设置在元素内容的顶部，在 background 属性中把它添加在阴影背景的上层，则当滚动到元素顶部时，这层白色渐变背景可以遮住阴影。

示例代码如下：

```
background: linear-gradient(white,white) no-repeat,radial-gradient(at top,
rgba(0,0,0,.8),transparent 70%) no-repeat;
background-size:100% .5em;
background-attachment: local,scroll;
```

此时，阴影可以被遮住，但在滚动过程中，阴影的露出和消失的方式不自然。

运行效果如下图所示：

> Three Kingdoms
> The Water Margin

解决方法是，将遮盖在上面的白色渐变以逐渐淡化的形式呈现出来，这样在元素顶部附近滚动时，阴影就能呈现出淡入、淡出的效果。但是，又不能把整个白色渐变完全设置为半透明的淡化区域，那样会导致到达顶部时半透明的部分会将阴影暴露出来，如下图所示：

> Pilgrimage to the West
> Three Kingdoms

因此，得到自然的效果不仅需要一段半透明的淡化区域，还需要一段足够大的实色区域来遮住阴影。下面调整这个渐变背景的尺寸。

最终示例代码如下：

```
background: linear-gradient(white,white) no-repeat,radial-gradient(at top,
rgba(0,0,0,.8),transparent 70%) no-repeat;
background-size: 100% 2em,100% .5em;
background-attachment: local,scroll;
```

以上代码实现了第一幅图所展示的上半部分的阴影效果，而下半部分阴影的实现效果是同理的。

3.17　如何利用 CSS 实现图片对比？

在页面中对两幅图片进行对比，能够给用户较强烈的视觉冲击，也能给用户留下更深刻的印象。那么该如何实现较完美的对比图效果呢？

下面提供两种不同的方案。

1. 方案一：CSS resize 方案

CSS 中有一种新的属性 resize，用户可以通过该属性修改 div 元素的尺寸。

resize 有以下几个属性值：

- none：不修改元素尺寸。
- both：同时修改元素的高度和宽度。
- horizontal：仅修改元素的宽度。
- vertical：仅修改元素的高度。

如果希望 resize 属性生效，则必须设置元素的 overflow 为除 visible 外的任意属性。

在使用过程中，随意拖动图片会让图片失真。为了不让图片失真，可以给添加 resize 属性的图片添加 div。对 div 使用 resize 属性就可以解决图片失真问题。最后，还要给图片添加定位才能实现想要的效果。

示例代码如下：

```css
.contrast {
  position: relative;
  display: inline-block;
}
.contrast > div {
  position: absolute;
  top: 0;
  bottom: 0;
  left: 0;
  width: 50%;
  overflow: hidden;
  resize: horizontal;
}
.contrast img {
  display: block;
}
<div class="contrast">
  <div>
      <img src="images/after.jpg" alt="">
  </div>
  <img src="images/build.jpg" alt="">
</div>
```

运行效果如下图所示:

图片这样显示时,图中的调节手柄不容易被看到。使用伪元素对手柄样式进行设置可以解决这个问题。在手柄上层添加一个 10px×10px 的左右移动手柄。

示例代码如下:

```
.contrast > div::before {
    content: '';
    position: absolute;
    bottom: 0;
    right: 0;
    width: 10px;
    height: 10px;
    background: rgb(29, 113, 128);
    cursor: ew-resize;
}
```

运行效果如下图所示:

读者有兴趣可以自行尝试为它设置更多的样式,在此不再赘述。

2. 方案二:范围输入控件方案

除上面的 CSS 方案外,用 JavaScript 将滑块控件设置在图片的上方用来拖动图片也可以实现图片的对比效果。同时,还可以添加进度条,使拖动图片更加方便,这样可以让用户在使用过程中不容易忽视这个功能。

JavaScript 示例代码如下：

```
function $$(selector, context)
   {
context = context || document;
var elements = context.querySelectorAll(selector);
return Array.prototype.slice.call(elements);
   }
 $$('.contrast ').forEach(function(slider) {
 var div = document.createElement('div');
 var img = $$('img', slider)[0];
 slider.insertBefore(div, img);
 div.appendChild(img);
 var range = document.createElement('input');
 range.type = 'range';
 range.oninput = function() {
 div.style.width = this.value + '%';
};
 slider.appendChild(range);
});
```

CSS 样式与第一种方案基本相同。

示例代码如下：

```
.contrast {
    position: relative;
    display: inline-block;
}
 .contrast > div {
 position: absolute;
 width: 50%;
 top: 0;
 bottom: 0;
 left: 0;
 overflow: hidden;
}
 .contrast img {
    display: block;
    user-select: none;
}
 .contrast input {
position: absolute;
left: 0;
bottom: 10px;
width: 100%;
margin: 0;
}
```

除此之外，还可以对新添加的滑块进行样式设置，添加滤镜属性 filter:contrast（.7）。数值不一样，滑块显示灰度就不一样。

示例代码如下：

```
-webkit-filter: contrast(.7);
filter: contrast(.7);
```

运行效果如下图所示：

当进度条操作区域较小时，还可以通过减少它的宽度百分比来增加进度条区域。

示例代码如下：

```
.contrast input {
  position: absolute;
  left: 0;
  bottom: 10px;
  width: 50%;
  margin: 0;
  transform: scale(2);
  transform-origin: left bottom;
  -webkit-filter: contrast(.7);
  filter: contrast(.7);
}
```

通过这样的设置，进度条区域明显变大。

运行效果如下图所示：

由此可知，范围输入控件的方法比 resize 更易操作，也可以实现更多的功能。

3.18　如何实现背景覆盖和内容定宽？

苹果官网的页面采用了一种比较流行的网页设计风格，使页面看起来更加简约高端。这种设计风格被称为"满幅的背景，定宽的内容"。

它的特点如下。

- 页面中有多个大版块，这些大版块和它们的背景一起占满了整个页面可视窗口的宽度。
- 版块中的内容多是定宽且居中的，少数情况下它们也可能会有不同的宽度和位置。

如下图所示：

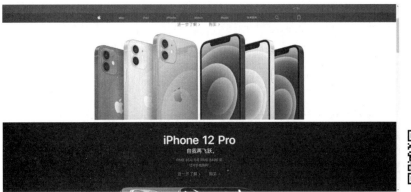

将这种风格应用在网页中，会使整个网页显得更加美观。那么如何实现这样的风格呢？

1. 方案一

想要实现这个风格，只需在设计的版块上应用两层元素即可。其中，外层的元素用来制作满幅的背景，内层元素用来实现定宽的内容。

示例代码如下：

```
<div class="text1">
    <div class="text">
    </div>
</div>
.text1 {
        background: url(river.jpg) no-repeat;
    }
.text{
        max-width: 850px;
        margin: 10em auto;
    }
```

运行效果如下图所示：

2. 方案二

也可以只使用一个元素来做到这一点。先引入 calc( )函数。calc( )函数的括号内可以执行算式来指定某个属性的值，再把 calc( )函数应用到 margin 上。

示例代码如下：

```
.text1 {
        background: url(river.jpg) no-repeat;
    }
.text {
        max-width: 850px;
        margin: 10em calc(50% - 425px);
    }
```

当 margin 的值设置为外层（父）元素的 50%时，内层（子）元素在水平方向上的起始位置就在父元素的中线上。此时减小 margin 值，使起始位置往回倒退内层（子）元素宽度的一半，就能实现水平居中。同理，把 calc( )函数应用到外层元素的 padding 上，就可以只使用一个元素实现同样效果。

示例代码如下：

```
.text1 {
        background: url(river.jpg) no-repeat;
        padding: 10em;
        padding: 10em calc(50% - 425px);
    }
```

3.19   如何实现元素垂直居中？

在页面中我们常常会将元素设置为水平居中，而有时也需要将元素设置为垂直居中。这样会使得页面布局更加清晰，同时也有较强的对称性。

下面提供 3 种方案实现元素垂直居中。

1. 方案一：居于绝对定位的方案

先看一个垂直居中的方案。

示例代码如下：

```
.box1 {
        position: relative;
        width: 300px;
        height: 300px;
        background-color: rgb(91, 105, 184);
    }
.box2 {
        height: 100px;
        width: 200px;
        background-color: rgba(247, 250, 83, 0.966);
        position: absolute;
```

```
        top: 50%;
        left: 50%;
        margin-top: -50px;
        margin-left: -100px;
        text-align: center;
    }
```

这种方案分别给两个 div 元素添加定位，设置 CSS 样式，通过移动使元素垂直居中。先让 box2 通过 top : 50%和 left : 50%移动到 box1 的中间。此时，box2 的左端与上端分别与 box1 的中线重合，但是整个 box2 并未处于 box1 的中心。因此需要将 box2 进行移动，通过 margin-top : -50px 移动 box2 自身高度的一半，margin-left : -100px 移动 box2 自身宽度的一半。这样就可以使整个内部元素呈现垂直居中的效果。

运行效果如下图所示：

使用这种方案有很明显的缺点，当子元素大小发生变化时，就需要重新计算移动的宽高。有没有其他方案可以一次性设置好，而不需要后续进行修改呢？

有的。使用 transform : translate(-50% ,-50%)取代原来的 margin-top 和 margin-left，就可以使子元素位置自动垂直居中，不需要额外的计算。

示例代码如下：

```
    transform: translate(-50% ,-50%);
```

2．方案二：基于视口单位的解决方案

如果不使用定位的方法，就需要采取其他方法使子元素左上角位于父元素的正中。因此，引入了视口长度单位 vm 和 vh，它们都是百分比单位。1vm 和 1vh 分别表示视口宽度和视口高度的 1%，为了使它可以垂直居中，需要设置 margin : 50vh auto 0 ;。其他样式可以自行设置。

示例代码如下：

```
    div {
        width: 15em;
        background-color: rgba(247, 250, 83, 0.966);
        margin: 50vh auto 0;
        transform: translateY(-50%);
        text-align: center;
    }
```

运行效果如下图所示：

下面将介绍一种更简单的方案。

3．方案三：flexbox 解决方案

利用 flexbox 使元素垂直居中的方法很简单。首先，给父元素 body 设置 display : flex，然后利用 margin : auto 就可以实现垂直居中。

示例代码如下：

```
body {
    display: flex;
    min-height: 100vh;
    margin: 0;
    background-color: rgb(91, 105, 184);
}
div {
    margin: auto;
    background-color: rgba(247, 250, 83, 0.966);
}
```

浏览器显示效果和上图一样，这样与前面相比更简单。

3.20   如何设置页面页脚?

给页面设置页脚时会发现这样一个问题：当页面内容足够长时，显示没有问题；当页面内容较短时，页脚就会紧贴页面内容而不再位于页面底部。

HTML 基本框架示例代码如下：

```
<header>
    <h1>A hippo</h1>
    <main>
        <p>A hippo lives in the zoo...</p>
    </main>
    <footer>
        <p>@ 2021 </p>
        <p>Made with Φ </p>
    </footer>
</header>
```

接着给页面设置样式，运行效果如下图所示：

可以看到，页脚并没有贴在页面底部。

如何解决这个问题呢？

1．方案一

假设页脚文本内容不折行，它的实际高度可以通过公式计算出来，即

2 行×行高+3×段落的垂直外边距+页脚的垂直内边距=2×1.5em+3×1em+1em=7em

页头的高度也采用同样算法，计算结果为 2.5em。这样，就可以利用 calc( )函数将页脚固定在页面底部。

示例代码如下：

```
main {
    min-height: calc(100vh - 2.5em - 7em);
}
```

运行效果如下图所示：

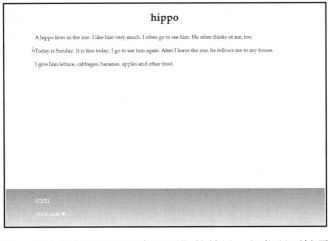

可以看到，这种方案虽然可以实现预期的效果，但代码不够灵活。在修改页脚尺寸的同时，还需要改变 min-height 的值。

2．方案二

利用 flex 属性，代码简洁且不需要复杂的计算，步骤如下。

步骤 1：为 body 元素添加声明：display:flex。运行效果如下图所示：

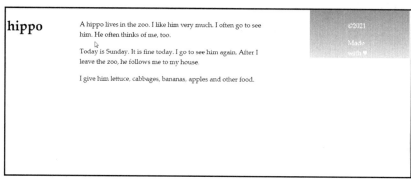

可以看到所有子元素水平排列。

步骤 2：利用 flex-flow 属性将子元素排列方式设置为 column。运行效果如下图所示：

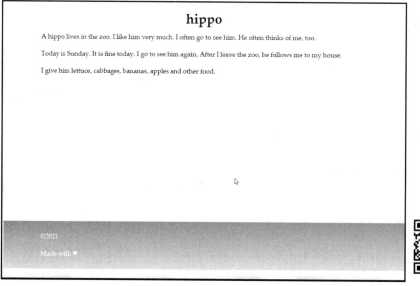

可以看到，页脚依旧没有贴在页面底部，原因在于所有元素占用了整个视口的宽度，但它们的高度是由自身内容决定的。预期效果是页头页脚的高度由自身的内容决定，而内容的高度自由伸展为剩余的高度值。因此，需要将 body 的 min-height 属性设置为 100vh，使它占有整个视口的高度，再将 main 中的 flex 属性设置为一个大于 0 的值。

示例代码如下：

```
body {
  display: flex;
  flex-flow: column;
  min-height: 100vh;
}
main{
  flex: 1;
}
```

最终运行效果如下图所示：

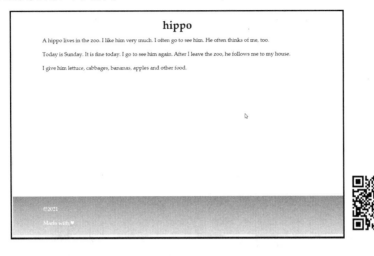

3.21　如何实现动画的缓动效果？

为了使过渡和动画的效果更加真实生动，可以给它们加上缓动效果。缓动效果不仅能增强位移动画的真实性，也能应用于尺寸变化和角度变化等。

3.21.1　实现弹跳动画的缓动效果

试想一个弹性小球从高处落下的过程：小球加速从高处落下，接触地面时弹起，减速弹向空中，再加速落下……重复经历这个过程后，最终停留在地面上。用 CSS 动画设置关键帧可以模拟这个弹跳过程。若使用默认的调速函数 ease，则小球运动从慢速开始，然后变快，最终慢速结束，这会导致整个动画过程不自然。

除 ease 外，CSS 还提供了以下几种内置的调速函数。

- linear：以相同的速度开始直至结束。
- ease-in：以慢速开始（由慢到快）。
- ease-out：以慢速结束（由快到慢）。
- ease-in-out：以慢速开始和结束（由慢到快再到慢）。

通过以上的分析，为了达到更真实的效果，需要让小球在下落方向加速，在弹起方向减速。因此，在下落方向可以使用 ease-out 调速函数，在弹起方向可以使用 ease-in 调速函数。

示例代码如下：

```
@keyframes jump {
    60%,80%,to {
            transform: translateY(400px);
            animation-timing-function: ease-out;
            }
    70% {
            transform: translateY(300px);
```

```
        }
    90% {
            transform: translateY(360px);
        }
    }
    .ball {
        animation: jump 4s ease-in;
    }
```

运行效果如下图所示：

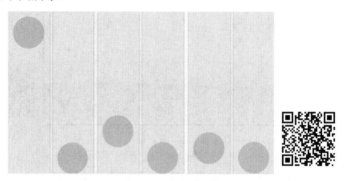

除以上几种内置调速函数外，CSS 还提供了自定义调速函数 cubic-bezier( )。cubic-bezier( )一共有 4 个点，其中有两个默认点(0,0)和(1,1)。这两个点分别表示初始时间和初始状态及结束时间和结束状态。还有两个点是控制点，通过设置这两个点可以定义需要的运动状态。注意，*x* 轴的范围是 0～1，设置的 *x* 坐标必须在这个范围内。*y* 轴的取值不受这个范围的限制，但是也不宜过大。如果想得到一个调速函数的反向版本，只需将控制点的横纵坐标交换就可以了。例如，ease 与 cubic-bezier(.25, .1, .25, 1)是等同的，则 ease 的反向调速函数为 cubic-bezier（.1, .25, 1, .25）。

在此基础上，使用 ease 可以得到更加真实生动的回弹效果。

示例代码如下：

```
@keyframes jump {
    60%,80%,to {
            transform: translateY(400px);
            /* 直接使用 ease, 得到更加真实的效果 */
            animation-timing-function: ease;
        }
    70% {
            transform: translateY(300px);
        }
    90% {
            transform: translateY(360px);
        }
    }
    .ball { /* 使用 cubic-bezier()函数得到 ease 的反向调速函数 */
        animation: jump 4s cubic-bezier(.1, .25, 1, .25);
    }
```

3.21.2 实现弹性过渡效果

给输入框添加提示框时，理想的效果是，提示框在展开时慢慢增大，收起时慢慢缩小。

为了使这个效果更加真实，可以让提示框先扩大至比最终尺寸（100%）更大的尺寸，再收缩回最终尺寸。

1．动画方案

根据弹跳动画的知识，可以将提示框的过渡效果转换为一个动画并给它添加上述效果。当动画时间快要结束时，使用 scale( )函数将提示框的大小设置为 110%，当动画结束时，提示框的最终尺寸是 100%。

示例代码如下：

```
@keyframes reminder {
    from {
        transform: scale(0);
    }
    70% {
        transform: scale(1.1);
        /* 得到 ease 的反向调速函数 */
        animation-timing-function: cubic-bezier(.1, .25, 1, .25);
    }
}
input:not(:focus)+.hint {
    transform: scale(0);
}
input:focus+.hint {
    /* 给提示框 0.5s 的过渡时间 */
    animation: reminder 0.5s;
}
.hint {
    /* 设置提示框变形的原点 */
    transform-origin: 1.4em -0.4em;
}
```

运行效果如下图所示：

2．过渡方案

除使用动画外，还可以直接使用 cubic-bezier( )函数给过渡添加弹性效果。虽然 x 轴方向的值必须限定在 0～1 之间，但是 y 轴方向的值可以突破这个范围。想要实现 scale(1.1) 的效果，需要将调速函数的斜率增大（调速函数的曲线更陡），并调整 cubic-bezier( )函数中控制点的位置。

示例代码如下：

```css
input:not(:focus)+.hint:not(:hover) {
        transform: scale(0);
    }
/* hint 是提示框的类名 */
.hint {
        transition: 20s cubic-bezier(0.25, 0.1, 0.3, 1.5);
        transform-origin: 1.4em -0.4em;
    }
```

运行效果如下图所示：

至此，提示框展开过程的过渡效果已经基本实现，但 scale(1.1)的变形效果会导致提示框关闭时的最终尺寸是 scale(-0.1)。在关闭状态的 CSS 中用期望的调速函数覆盖当前的调速函数可以解决上述问题。然而，由于提示框在展开时只花费了整个过渡过程的一半时间就达到了 100%的尺寸，而关闭过程需要整个过渡时间，所以提示框关闭时会稍显迟钝。为了解决这个问题，可以将过渡的持续时间也进行覆盖。注意，为了避免其他可以参与过渡的属性对最终的效果造成影响，应直接指定需要过渡的属性。

示例代码如下：

```css
input:not(:focus)+.hint:not(:hover) {
        transform: scale(0);
        transition: 0.25s transform;
    }

.hint {
        transition: 0.5s cubic-bezier(0.25, 0.1, 0.3, 1.5) transform;
        transform-origin: 1.4em -0.4em;
    }
```

3.22 如何设置图片逐帧显示？

设想我们需要一个加载显示的动态图，仅仅利用单纯的 CSS 属性来实现这个功能是不现实的。在这种情况下，结合 CSS 精灵图和图片的逐帧动态显示才能得到最好的效果。但是这种方案具有一定的难度，需要进行仔细的研究。

首先，需要把动画中的帧全部都拼接到一幅图中。然后，将这幅拼接好的图放置在一个元素盒子中。最后，将它设置为背景图，并根据每一帧的尺寸来设置元素盒子的宽和高。同时，还需要在这个元素盒子中添加文字提示并将其隐藏起来。如下图所示：

在 HTML 中使用<div>标签并设置 class 类。然后，在 CSS 中对这个类进行操作，将上面的图片设置为背景图，并且限定固定宽高使其恰好为拼接后的第一帧。

示例代码如下：

```
<div class="loader">Loading…</div>
.loader {
width: 50px;//第一帧宽
height: 50px;//第一帧高
text-indent: 100%;
  overflow: hidden; /* Hide text */
background: url(http://dabblet.com/img/loader.png) 0 0;
white-space: nowrap;
}
```

运行效果如右图所示。

这样就得到了动态加载图的第一帧。但此时它是静态的，没有产生动起来的效果。对 CSS 精灵图进行测量，发现动态加载图的每一帧都对应着不同的 background-position 值。例如，−50px 0 会显示第二帧图，−100px 0 会显示第三帧图。以此类推，每往后推 50px 都能得到新的一帧图。下一步就是让这八帧图连贯起来，实现动起来的效果。下面介绍 steps( )调速函数，看能否通过调用 steps( )函数来达到要求。

steps( )属于 timing function，它可以将动画或者过渡分割成段。这个函数有两个参数。第一个参数是一个正值，指定希望动画分割的段数。

示例代码如下：

```
Steps(<number_of_steps>, <direction>)
```

第二个参数定义了一个要点，这个要点就是在@keyframes 中申明的动作将会发生的关键点。第二个参数是可选的，默认情况下值为 end。

方向为 start 表示在动画开始时，动画的第一段将会马上完成。以左侧端点为起点，立即跳到第一个 step 的结尾处。然后 steps( )函数会立即跳到第一段的结束，并且保持这样的状态直至第一步的持续时间结束。后面的每一帧都将按照此模式来完成动画。使用 steps( )函数恰好能满足需求。在整个背景图中有八帧动画，因此在 steps( )中参数设置为 8。

示例代码如下：

```
@keyframes loader {
to { background-position: -400px 0; }
}
.loader {
width: 50px;
height: 50px;
text-indent: 999px;
overflow: hidden; /* Hide text */
background: url(http://dabblet.com/img/loader.png) 0 0;
animation: loader 1s infinite steps(8);
}
```

3.23　如何设置文字的闪烁效果？

在某些使用场景下，需要用到闪烁动画，例如，利用闪烁效果吸引用户的目光，提示用户页面中存在某个重点区域。

下面试着让一段文字发生闪烁，要做的不是让闪烁像开关电灯那样生硬地在亮灭之间来回迅速地切换，而是让元素从某种颜色（亮）以一种过渡的形式切换成透明状态（灭）。同时，为了提高用户的体验感，通常需要限制闪烁次数。

下面提供两种实现文字闪烁效果的方法。

3.23.1　CSS 动画实现

首先做出一个由亮到灭的过程。

示例代码如下：

```
<div class="candy"> this is a candy </div>
.candy {
        color: blue;
        animation: .8s blink-letter 5;
}
@keyframes blink-letter { 100%{color: transparent;} }
```

运行效果如下图所示：

将这个由亮到灭的过程重复几次就基本得到了一个闪烁效果。但是，在文字重新亮起时，这个过程非常迅速而生硬，它并没有像熄灭时那样逐渐而自然。于是，对代码稍加改进，把完全透明（灭）设置在动画序列的 50%。此时系统默认序列 0% 和 100% 为初始状态。

示例代码如下：

```
@keyframes blink-letter { 50%{color: transparent;} }
.candy {
        color: blue;
        animation: .8s blink-letter 5;
}
```

运行效果如下图所示：

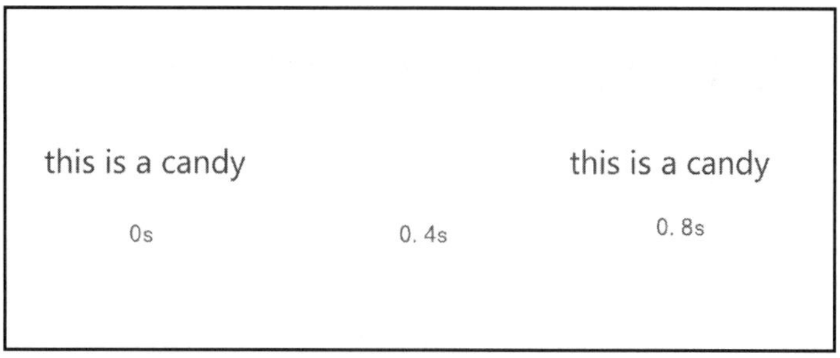

```
                  ┌────────────────────────────────────────────────┐
                  │                                                │
                  │                                                │
                  │  this is a candy              this is a candy  │
                  │                                                │
                  │        0s            0.4s          0.8s        │
                  │                                                │
                  │                                                │
                  └────────────────────────────────────────────────┘
```

现在无论是由亮到灭还是由灭到亮，都有了一个逐渐淡出或者淡入的过程，但是这两个过程都是先慢后快的加速过程，如果能够让这两个过程在时间上完全对称，就会更加自然。这时要用到 animation-direction 属性。

animation-direction 的值有 normal（默认）、reverse（反转每一个循环周期）、alternate（反转第偶数个周期）和 alternate-reverse（反转第奇数个周期）。被反转的周期的动画顺序和原本默认的动画顺序是完全相反的。如果将 animation-direction 的值设置为 alternate，就可以获得想要的效果。

示例代码如下：

```
.candy {
        animation: .4s blink-letter1 10 alternate;
    }
@keyframes blink-letter { 100%{color: transparent;} }
```

3.23.2 普通的闪烁效果

如果想让这段文字获得像开关灯那样瞬间跳跃到另一个状态的效果，可以使用 step(n)。
示例代码如下：

```
.candy {
        color: blue;
        animation: 1s blink-letter 5 steps(1);
    }
@keyframes blink-letter { 100%{color: transparent;} }
```

此时文字看上去没有变化。这是因为当动画到达 100%时，会执行下一次动画或者在最后一次回归到 blue 状态。使用 step(1)一步跳到 100%时，transparent 状态就被压缩在一个极短（近似于无限短）的时间内，即一闪而过，又变回了 blue，在视觉上这段文字动画就一直是纯蓝色了。

因此，只能将透明状态设置为动画序列的 50%处。使用下面代码，就可以看到想要的开关灯的闪烁效果。

```
.candy {
        color: blue;
        animation: 1s blink-letter 5 steps(1);
    }
@keyframes blink-letter { 100%{color: transparent;} }
```

3.24　如何实现文本内容逐个显示?

文本逐个显示的动画会产生一种类似于打印机的效果,这样的动画往往会使页面更加生动,同时也能更好地吸引用户的目光。

为了使文本内容逐个显示,可以使用动画的方式,即把需要显示的文本内容放置在父元素容器中,再将文本宽度从 0 开始将字符逐个显示出来。在写代码时一定要用 white-space: nowrap 来使文本在同一行上显示,同时还要利用 overflow: hidden 隐藏超出父元素容器的元素。

示例代码如下:

```
<h2>Basic syntax of HTML and CSS</h2>
@keyframes typing{
        from{
            width: 0;
        }
    }
h2 {
    width: 20em;
    animation: typing 5s;
    white-space: nowrap;
    overflow: hidden;
}
```

运行效果如下图所示:

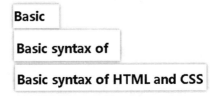

上图得到了字符连贯显示的效果,与预期的字符逐字显示效果不一样。因此,下面利用 steps( )来完成分步动画显示。

示例代码如下:

```
@keyframes typing{
        from{
            width: 0;
        }
    }
    h2 {
        width: 28ch;
        animation: type 6s steps(28);
        white-space: nowrap;
        overflow: hidden;
    }
```

这里的 28ch 是如何得到的呢?

CSS 的 ch 单位与字符宽度相同,文本的宽度就是字符的个数加上空格数,所以这里得到的宽度就是 28ch。

运行效果如下图所示：

此时，我们想要的文本内容逐个显示的效果已经出现了。

如果想在逐个显示的字符后面添加一个闪烁的光标，又应该如何实现呢？

利用@keyframes 动画效果给右边框添加动态显示光标，并且使用 infinite 让光标处于无限循环状态，光标每秒闪烁一次。边框颜色与文字颜色自动保持一致，不需要额外设置。

示例代码如下：

```
@keyframes type{
    from{
        width: 0;
    }
}
@keyframes caret{
    50% {
        border-color: transparent;
    }
}
h2 {
    font: bold 200% Consolas, Monaco, monospace;
    width: 28ch;
    animation: typing 4s steps(28),
            caret 1s steps(1) infinite;
    white-space: nowrap;
    overflow: hidden;
    border-right: .05em solid;
}
```

运行效果如下图所示：

Basic

Basic syntax of HTML and CSS

这样就可以实现字符逐个显示了。

3.25　如何实现平滑的动画效果？

在实际开发中，大多数动画的播放都需要用户按住鼠标或将鼠标指针停留在元素上。

当用一个正方形区域来展示一幅较长的图片时，默认显示该图片的左边部分。如果希望鼠标指针悬停在图片上时能自动显示剩余部分，只需给一个元素的背景定位属性加上动画即可。

示例代码如下：

```
@keyframes animations{
    to {background-position: 100% 0;}
}
.animations{
    width: 150px;
    height: 150px;
    background: url(../first/1.jpg);
    background-size: auto 100%;
    animation:animations 10s linear infinite alternate ;
}
```

虽然这种方法能得到想要的效果，但有时会影响用户体验。如果希望鼠标指针悬停在图片上时动画才开始播放，应该怎么做呢？

CSS 示例代码如下：

```
.animations{
    width: 150px;
    height: 150px;
    background: url(../first/1.jpg);
    background-size: auto 100%;
}
.animations:hover,.animations:focus{
    animation: animations 10s linear infinite alternate;
}
```

此时，当鼠标指针悬停在图片上时，图片自动滚动；当鼠标指针移出后，图片会直接跳回最左侧，如下图所示：

实际情况中，鼠标指针移出时需要暂停动画，所以这里需要暂停动画的属性：animation-play-state。

如果一开始就让动画保持暂停状态，鼠标指针悬停时再启动动画，就不会产生直接跳回最左侧的现象。

示例代码如下：

```
@keyframes animations{
    to {background-position: 100% 0;}
}
.animations{
    width: 200px;
```

```
        height: 200px;
        background: url(../first/1.jpg);
        background-size: auto 100%;
        animation:animations 5s linear infinite alternate ;
        animation-play-state: paused;
    }
    .animations:hover,.animations:focus{
        animation-play-state:running;
    }
```

运行效果如下图所示：

3.26　如何实现沿环形路径平移的动画效果？

在一些场景中，需要让一个指定元素沿着环形路径运动，并要求这个元素在运动的过程中只改变自身的位置而不改变自身的角度。利用 CSS 动画，可以让一个元素沿着环形路径运动。然而在实际中发现，该元素在移动的过程中，自身也会随着旋转。

为了解决这个问题，下面提出了两种行之有效的方案。

1. 方案一：使用两个元素

沿环形路径的旋转称为外层旋转，元素自身的旋称为内层旋转。为了使元素在外层旋转时保持朝向不变，可以设置元素的内层旋转来抵消外层旋转产生的影响。将元素的内层旋转设置为以相反的方向自转一圈，可以得到想要的结果。由于沿着环形路径运动，元素会在一定角度范围内连续旋转。因此，应该给元素设置相反的角度范围来抵消产生的影响。

示例代码如下：

```
@keyframes roll {
        to {
            transform: rotate(360deg);
        }
    }

    @keyframes roll-reverse {
        from {
            transform: rotate(360deg);
        }
    }

    .in {
```

```
        animation: roll 5s infinite linear;
        /* 设置环形路径的半径 */
        transform-origin: 50% 150px;
}


.in>.try {
        animation: roll-reverse 5s infinite linear;
}
```

运行效果如下图所示：

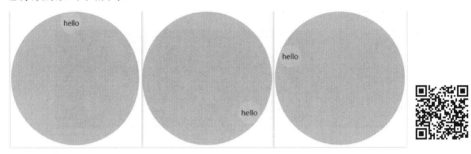

由于外层旋转与内层旋转仅仅是角度范围相反，而其他的动画样式一致，所以可以进一步简化代码。首先，将 animation-direction 设置为 reverse 来得到原始动画的反向版本。然后，让内层旋转继承外层旋转的样式。最后，仅仅使用了一套关键帧就得到了和上面一样的效果。

示例代码如下：

```
@keyframes roll {
        to {transform: rotate(360deg);}
}
.in {
 animation: roll 3s infinite linear;
   transform-origin: 50% 150px;
}
.in>.try {
        animation: inherit;
        animation-direction: reverse;

}
```

2．方案二：使用一个元素

第二种方案只需要一个元素就能够实现预期的效果。第一种方案需要两个元素的根本原因是内层旋转和外层旋转的变形原点不同，因此需要的 transform-origin 也是不同的。实际上，每一个 transform-origin 都可以被两个 translate( )模拟出来。在此基础上，用同一个 transform-origin 可以实现内层和外层两个动画。

示例代码如下：

```
@keyframes roll {
    from {
      transform: translate(50%, 150px) rotate(0turn) translate(-50%, -150px);
    }
```

```
        to {
transform: translate(50%, 150px) rotate(360deg) translate(-50%, -150px);
        }
    }
@keyframes roll-reverse {
    from {
transform: translate(50%, 50%) rotate(360deg) translate(-50%, -50%);
    }
    to {
transform: translate(50%, 50%) rotate(0turn) translate(-50%, -50%);
}
}
.in {
animation: roll 3s infinite linear;
    }
.in>.try {
    animation: inherit;
animation-name: roll-reverse;
}
```

上面的代码还可以进一步简化。由于只需要一个变形原点，所以可以将两套动画合并为一套，并将动画应用在指定的元素上。此时，只需要一层 HTML 就足够了。由于元素在水平方向上的位移还可以进一步抵消，所以相当于只在 y 轴方向进行了两次位移操作。

简化后的示例代码如下：

```
@keyframes roll {
        from {
            transform:  translateY(150px)  translateY(-50%)  rotate(0turn)
translateY(-150px) translateY(50%) rotate(1turn);
            }
        to {
            transform:  translateY(150px)  translateY(-50%)  rotate(1turn)
translateY(-150px)  translateY(50%) rotate(0turn);
            }
        }
    .in {
      animation: roll 3s infinite linear;
        }
```

不难发现，最开始进行的两次位移操作都是为了将指定元素放在圆心位置。因此，若最初将元素放在圆心，就能得到更简洁的代码。

单个元素方案的最终示例代码如下：

```
@keyframes roll {
        from {
            transform:  rotate(0turn)  translateY(-150px)  translateY(50%)
rotate(1turn);
            }
        to {
            transform:  rotate(1turn)  translateY(-150px)  translateY(50%)
rotate(0turn);
```

```
                }
            }
    .in {
        animation: roll 3s infinite linear;
            }
```

3.27 什么是 CSS 变量?

CSS 变量可以访问 DOM,这意味着可以创建局部变量和全局变量,也可以使用 JavaScript 或基于媒体查询来修改变量。

3.27.1 CSS 中声明一个变量

语法格式: --name:value;

 注意

> 属性名以两个减号 (--) 开始,属性值是任何有效的 CSS 值。

示例代码如下:
```
element {  --bg-color: #333;}
```
CSS 的全局变量在整个文档中都可以访问或者使用,局部变量只能在声明它的选择器内部使用。

通常在创建具有全局作用域的变量时,需要在:root 选择器中声明它。:root 选择器会匹配文档的根元素。创建具有局部作用域的变量时,则需要在使用它的选择器中声明。

示例代码如下:
```
:root {  --bg-color: #333;}
```
局部变量的使用方法是,用 var( )函数包裹以表示一个合法的属性值。

示例代码如下:
```
element {  background-color: var(--bg-color);}
```
全局变量的使用方法和局部变量相同。

 注意

> 变量的前后属性必须一致。如果不一致,则不会生效,这就是 CSS 中的计算时有效性。

示例代码如下:
```
<p>This paragraph is initial black.</p>
:root { --bg-color: 16px; }
p { color: blue; }
p { color: var(--bg-color); }
```

浏览器将--bg-color的值替换给了var(--bg-color)，但16px并不是color的合法属性值，所以在替换后，该属性不会产生任何作用。

3.27.2 使用JavaScript操作CSS变量

下面将通过一个例子介绍如何使用JavaScript操作CSS变量。首先，声明一个变量名为--bg-color的全局变量，值为green。

示例代码如下：

```
:root{  --bg-color: green;}
```

然后，在JavaScript中获取元素和变量。

示例代码如下：

```
//获取操纵的元素
const bar = document.querySelector('.bar');
//获取一个 Dom 节点上的 CSS 变量
bar.style.getPropertyValue("--bg-color");
const cssStyles = getComputedStyle(bar);
```

接着，可以在JavaScript中修改--bg-color变量的值为blue，同时将原来的背景属性值打印出来。

示例代码如下：

```
// 获取 --left-pos CSS 变量的值
const cssVal = String(cssStyles.getPropertyValue('--bg-color')).trim();
// 将 CSS 变量的值打印到控制台: 100px
console.log(cssVal);
// 获取任意 Dom 节点上的 CSS 变量
getComputedStyle(bar).getPropertyValue("--bg-color");
// 修改一个 Dom 节点上的 CSS 变量
bar.style.setProperty("--bg-color","blue");
```

运行效果如下图所示：

【示例】单击按钮切换背景。

示例代码如下：

```
* {
    margin: 0;
    padding: 0;
```

```
        }
      :root {
        --bg: #000;
        --fontSize: 25px;
      }
       .pink{
        --bg: hotpink;
      }
      body {
        transition: background 1s;
        background: var(--bg);
      }
      button {
        position: fixed;
        top: 50%;
        left: 50%;
        transition: color 1s;
        transform: translate(-50%, -50%);
        padding: 20px;
        border: none;
        background: #fff;
        font-size: var(--fontSize);
        color: var(--bg);
      }
  <button>单击切换</button>
   <script>
        //获取元素并且添加单击事件
      document.querySelector("button").addEventListener("click", () => {
        if (document.body.classList.contains("pink")) {
          document.body.classList.remove("pink");
        } else {
          document.body.classList.add("pink");
        }
      });
      </script>
```

单击前，如下左图所示。

单击后，如下右图所示。

最后，var( )函数还可以使用第二个参数，表示变量的默认值。如果该变量不存在，就

会使用这个默认值。例如：

```
var(--brown,blue);
```

上面代码中，blue 是一个备用值。当自定义属性值无效或未指定时，将会用备用值替换。

3.28 如何编辑展示后的页面？

通常情况下，书写好的页面一旦展示出来是无法被访问者修改的。但实际上，也可以对展示后的页面进行编辑。这在现实场景中的应用也是比较广泛的。

下面介绍两种常用的编辑方法。

1. 方法一

第一种方法是通过设置标签属性来编辑展示后的页面。给需要编辑的标签设置 contenteditable 的属性值为 true，就得到了一个可编辑的标签。

示例代码如下：

```
<p contenteditable="true">Hello,World!</p>
```

默认情况下，不能对展示后的页面进行编辑，运行效果如下图所示：

Hello¡World!

设置 contenteditable 属性为 true 后，能够对展示后的页面进行编辑，如下图所示：

Hello,World! I

2. 方法二

除第一种方法外，还可以通过 JavaScript 实现该功能。在 JavaScript 中，document. designMode 用于控制整个文档是否可以进行编辑。若设置为 on，则表示可编辑；若设置为 off，则表示不可编辑。与第一种方法相同，默认情况下页面都是不可编辑的。因此，只需使 document.designMode = on 就能对整个页面进行编辑。

示例代码如下：

```
<script>
  document.designMode = 'on';
</script>
```

运行效果如下图所示：

Hello,World! I

3.29　如何利用 CSS Grid 实现响应式布局？

Grid 布局是创建网格布局最方便的工具之一，通过将网页划分成若干行和列，形成若干网格，组成各式的布局效果。

CSS Grid 布局由两部分组成：wrapper 和 items，wrapper 表示 Grid 网格，items 表示 Grid 网格中的内容。

如果想要做 Grid 布局，只需把父元素的 dispaly 属性设置为 grid 即可。

先制作一个包含 6 个 items 的 wrapper 元素。

示例代码如下：

```
<div class="wrapper">
    <div style="background-color: blanchedalmond;">blanchedalmond</div>
    <div style="background-color: cadetblue;">cadetblue</div>
    <div style="background-color: coral;">coral</div>
    <div style="background-color: darkcyan;">darkcyan</div>
    <div style="background-color: darkgreen;">darkgreen</div>
    <div style="background-color: darkslateblue;">darkslateblue</div>
    <div style="background-color: goldenrod;">goldenrod</div>
</div>
 div{
    text-align: center;
    }
.wrapper{
    display: grid;
    }
```

运行效果如下图所示：

此时，由于没有给网格设置行和列及其宽度，所以这里的 Gird 布局采用的是默认值。

然后将给子元素设置宽和高。

- grid-template-columns：设置网格布局中的列数（宽度）。

- grid-template-rows：设置网格布局中的行数（高度）。

示例代码如下：

```
.wrapper{
        display: grid;
        grid-template-columns: 150px 300px 150px;
        grid-template-rows: 30px 100px;
    }
```

运行效果如下图所示：

这样就得到了一个两行三列的布局。

在实际开发中经常可以看到一些网页的首页图片摆放很美观，如何实现呢？

可以在上面案例的基础上做修改，将它设置为一个九宫格形状的布局。

CSS 代码修改如下：

```
.wrapper{
        display: grid;
        grid-template-columns: 150px 150px 150px;
        grid-template-rows: 150px 150px;
    }
```

运行效果如下图所示：

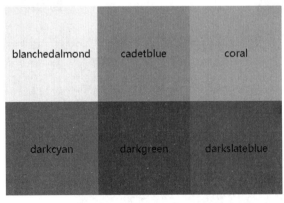

由于此时只有 6 个子元素，所以不能平均分配做成九宫格图，我们或许会想到再写三个子元素，但这样的效果并不是想要的。有没有不添加子元素又能凑成 3×3 网格的方法呢？

有的。CSS 提供了 Grid 的以下几个属性，用来定义子元素的起始行、列位置。

- grid-column-start：定义子元素列将开始的网格线位置。
- grid-column-end：定义子元素列将结束的网格线位置。
- grid-row-start：定义子元素行将开始的网格线位置。
- grid-row-end：定义子元素行将结束的网格线位置。

如果前两个元素在第一行排列应怎么做呢？

可以为第一个子元素单独设置属性 items1，使它横跨两列，此时第二个子元素自动跟在子元素 1 后面。

示例代码如下：

```
.items1 {
    grid-column-start: 1;
    grid-column-end: 3;
}
```

运行效果如下图所示：

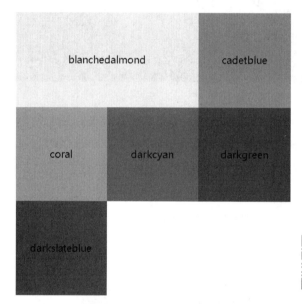

使用相同的方法就可以实现整个布局，如下图所示：

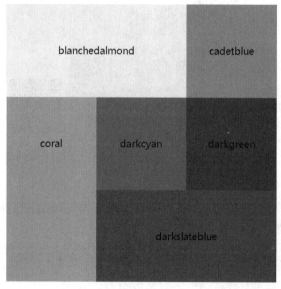

CSS 示例代码如下：

```
.items1 {
        grid-column-start: 1;
        grid-column-end: 3;
    }
.items3{
        grid-row-start: 2;
        grid-row-end: 4;
    }
.items6{
        grid-column-start: 2;
        grid-column-end: 4;
    }
```

可以发现，这种方法实现的效果是很僵硬的，很难根据页面尺寸的改变自动修改布局。

为了使画面显示更加灵活，需要把样式包装到@media 中，使布局可以根据页面尺寸进行修改。

先引入 repeat( )函数来指定行和列的数量及尺寸，示例代码如下：

```
grid-template-columns: repeat(3, 150px);
```

它表示指定三列宽为 150px 的网格。

再引入 auto-fit 代替数字 3，使这个布局成为自适应布局。

CSS 示例代码如下：

```
.wrapper {
    display: grid;
    line-height: 150px;
    text-align: center;
    gap:0;
    grid-template-columns: repeat(auto-fit, minmax(150px, 200px));
    grid-auto-rows: 150px;
}
```

其中，minmax( )函数使网格宽度大于或等于 150px，小于或等于 200px。

最后，添加@media 来查询屏幕尺寸，针对不同的屏幕尺寸设置不同的样式。

示例代码如下：

```
@media screen and (min-width: 400px) {
    .items1 {
        grid-column-start: 1;
        grid-column-end: 3;
    }
    .items3{
        grid-row-start: 2;
        grid-row-end: 4;
    }
    .items6{
        grid-column-start: 2;
        grid-column-end: 4;
    }
}
```

第一次缩小窗口，运行效果如下图所示：

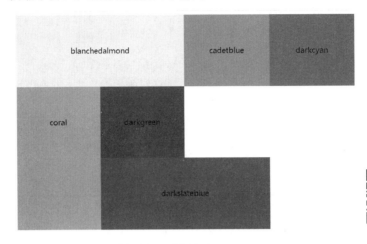

第二次缩小窗口，运行效果如下图所示：

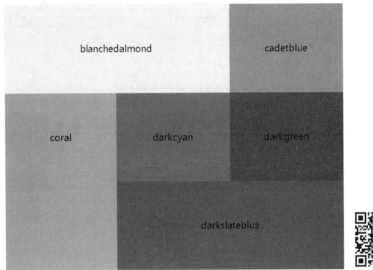

第四部分 框架篇

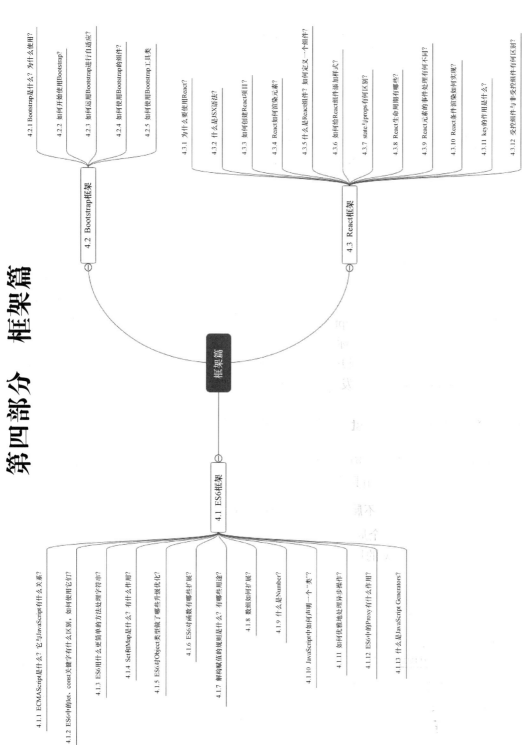

框架篇

4.1 ES6框架

- 4.1.1 ECMAScript是什么？它与JavaScript有什么关系？
- 4.1.2 ES6中的let、const关键字有什么区别，如何使用它们？
- 4.1.3 ES6用什么更简单的方法处理字符串？
- 4.1.4 Set和Map是什么？有什么作用？
- 4.1.5 ES6对Object类型做了哪些升级优化？
- 4.1.6 ES6对函数有哪些扩展？
- 4.1.7 解构赋值的规则是什么？有哪些用途？
- 4.1.8 数组如何扩展？
- 4.1.9 什么是Number？
- 4.1.10 JavaScript中如何声明一个"类"？
- 4.1.11 如何优雅地处理异步操作？
- 4.1.12 ES6中的Proxy有什么作用？
- 4.1.13 什么是JavaScript Generators？

4.2 Bootstrap框架

- 4.2.1 Bootstrap是什么？为什么使用？
- 4.2.2 如何开始使用Bootstrap？
- 4.2.3 如何运用Bootstrap进行自适应？
- 4.2.4 如何使用Bootstrap的组件？
- 4.2.5 如何使用Bootstrap工具类

4.3 React框架

- 4.3.1 为什么要使用React？
- 4.3.2 什么是JSX语法？
- 4.3.3 如何创建React项目？
- 4.3.4 React如何渲染元素？
- 4.3.5 什么是React组件？如何定义一个组件？
- 4.3.6 如何给React组件添加样式？
- 4.3.7 state与props有何区别？
- 4.3.8 React生命周期有哪些？
- 4.3.9 React元素的事件处理有何不同？
- 4.3.10 React条件渲染如何实现？
- 4.3.11 key的作用是什么？
- 4.3.12 受控组件与非受控组件有何区别？

4.1 ES6 框架

严格讲，ES6 不是一个框架，而是一个标准。但因其自成体系，所以仍然将它归到框架篇中介绍。

4.1.1 ECMAScript 是什么？它与 JavaScript 有什么关系？

1996 年 11 月，JavaScript 的创造者 Netscape 公司，决定将 JavaScript 提交给国际标准化组织 ECMA，希望这种语言能成为国际标准。次年，ECMA 发布 262 号标准文件（ECMA-262）的第一版，规定了浏览器脚本语言的标准，并将这种语言称为 ECMAScript，这个版本就是 1.0 版。该标准一开始就是针对 JavaScript 语言制定的。

因此，ECMAScript 和 JavaScript 的关系是，前者是后者的规范，后者是前者的一种实现。由于商标权的问题，欧洲计算机协会制定的语言标准不能称为 JS，只能称为 ES。

ECMAScript 6.0（以下简称 ES6）是 JavaScript 语言的下一代标准，已经在 2015 年 6 月正式发布了。目前，ECMAScript 已经发展到 ECMAScript 2020，但习惯上我们将 ES6 及以后的部分统称为 ES6。它的目标是使 JavaScript 语言可以用来编写复杂的大型应用程序，成为企业级开发语言。而企业级开发语言适合模块化开发，拥有良好的依赖管理。近几年几乎所有使用 JavaScript 语言开发的项目，都在利用 ES6 的新特性来开发。

4.1.2 ES6 中的 let、const 关键字有什么区别，如何使用它们？

ES6 新增了 let 关键字来声明变量，const 关键字来声明常量。let 的用法与 var 相似，但又有一些不同之处，下面用具体的代码验证。

1. let 声明的全局变量不属于顶层对象 window

这意味着，let 声明的全局变量不可以通过"window. 变量名"的方式去访问；而 var 声明的全局变量是 window 的属性，可以通过 window 访问。

示例代码如下：

```
var a = 10;
console.log(window.a);  //10

let b = 10;
console.log(window.b);  //undefined
```

2. let 定义的变量不允许重复声明

示例代码如下：

```
var a = 5;
var a = 6;
console.log(a) ;  //6
```

```
    let b = 5;
    let b = 8;
    console.log(b);  //Uncaught SyntaxError: redeclaration of let b
```

3. let 声明的变量不存在变量提升

示例代码如下：

```
function fun() {
    console.log(a); //undefined
    var a = 5;
}
fun();
```

上述代码中，a 的调用发生在声明之前，所以它的值是 undefined，之所以没有报错是因为 var 会导致变量提升。而下面的代码中因 let 声明的变量 a 没有变量提升，便抛出了异常。

```
function fun() {
    console.log(a);
    //Uncaught ReferenceError: can't access lexical declaration 'a' before
initialization
    let a = 5;
}
fun();
```

4. let 声明的变量具有暂时性死区

只要块级作用域内存在 let 声明的变量，它所声明的变量就绑定在这个区域，不再受外部的影响。

示例代码如下：

```
var a = 15;
if (true) {
    a = 16;
    let a;
    console.log(a);
    //Uncaught ReferenceError: can't access lexical declaration 'a' before
initialization
}
```

上面代码中，存在全局变量 a，但是块级作用域内 let 又声明了一个局部变量 a，导致后者绑定这个块级作用域，所以在 let 声明变量前，对 a 赋值会报错。

ES6 明确规定，如果区块中存在 let 和 const 命令，这个区块对这些命令声明的变量，从一开始就形成了封闭作用域。凡是在声明之前使用这些变量，就会报错。

总之，在代码块内，使用 let 命令声明变量之前，该变量都是不可用的。

5. let 声明的变量具有块级作用域

示例代码如下：

```
function fun() {
    let a = 5;
    if (true) {
        let a = 10;
    }
```

```
    console.log(a); // 5
}
fun();
```

上面的函数有两个代码块，都声明了变量 n，程序执行后控制台打印 5。这表示外层代码块不受内层代码块的影响。如果两次都使用 var 定义变量 n，最后输出的值则为 10。

而 const 除具有 let 的上述的特点外，还有一些其他特点，如下所述。

① 在用 const 定义变量后，就不能修改它了，对变量的修改会抛出异常。

示例代码如下：

```
const a = 'hello';
console.log(a);//hello

a = 'es6';
console.log(a);
// Uncaught TypeError: invalid assignment to const 'a'
```

② const 声明的常量必须进行初始化，否则会报错。

示例代码如下：

```
const a;
a = 0.5;
// Uncaught SyntaxError: missing = in const declaration
```

③ const 定义对象和数组的值是可以改变的。

示例代码如下：

```
const obj = {
    name: '张三',
    age: 24
}
obj.sex = '男';obj.age = 24;console.log(obj);
// {name: "张三", age: 24, sex: "男"}
const arr = ['es6','es7','es8'];console.log(arr);
//Array(3) [ "es6", "es7", "es8" ]arr[0] = 'es2015';console.log(arr);
//Array(3) [ "es2015", "es7", "es8" ]
```

const 实际上保证的并不是变量的值不得改动，而是变量指向的那个内存地址所保存的数据不得改动。

4.1.3 ES6 用什么更简单的方法处理字符串？

1. 模板字符串

在 ES6 之前对字符串的处理是十分麻烦的，例如以下几种情况。

① 字符串很长要换行。

② 字符串很长，如开发时输入的文本内容和接口数据返回的文本内容；如果对换行符处理不当，也会带来异常。

③ 字符串中有变量或者表达式。

④ 字符串不是静态内容，而是需要加载变量或者表达式。ES6 之前的做法是字符串拼接，如果字符串有大量的变量和表达式，会使代码显得复杂冗余。

示例代码如下：

```
var a = 'zhang'
var b = 'san'
var c = 'JavaScript'
var str = 'My name is ' + (a + b) + ' and I love ' + c
console.log(str) //My name is zhangsan and I love JavaScript
```

⑤ 字符串中有逻辑运算。

⑥ 通常代码都是有逻辑运算的，对于字符串也是一样，它包含的内容不是静态的，通常是根据一定规则动态变化的。

示例代码如下：

```
var retailPrice = 20
var wholesalePrice = 10
var type = 'retail'
var price = ''
if (type === 'retail') {
    price += '您此次的购买单价是：' + retailPrice
} else {
    price += '您此次的批发价是：' + wholesalePrice  }
```

上面是一段常见的代码，通常做法是使用字符串拼接+逻辑判断。从 ES6 开始可以用模板字符串定义字符串来解决拼接问题了。

示例代码如下：

```
`string text`
`string text line 1
string text line 2`
`string text ${expression} string text`
```

反引号中可以插入任意变量或者表达式，但必须用 ${}括起来。

 注意 _____

> 这里的符号是反引号，即数字键1左边的键，不是单引号或者双引号。

这样就可以轻松解决字符串包含变量或者表达式的问题了，对于多行字符串，之前的处理方法：

```
console.log('string text line 1\n' +    'string text line 2')
```

现在可以这样处理：

```
console.log(`string text line 1
string text line 2`)
```

模板字符串相当于加强版的字符串，可以用来定义多行字符串，完全不需要 '\n'参与。

2．字符串的扩展方法

（1）子串的识别

ES6 之前判断字符串是否包含子串采用 indexOf 方法，ES6 新增了几个子串的识别方法如下：

- includes( )：判断是否包含参数字符串，返回布尔值。
- startsWith( )：判断参数字符串是否在原字符串的头部，返回布尔值。

- endsWith( )：判断参数字符串是否在原字符串的尾部，返回布尔值。

三种方法都可以接收两个参数：需要搜索的字符串和可选的搜索起始位置索引。

示例代码如下：

```
let str = "apple,banana,orange";
str.includes("banana");  //true
str.startsWith("apple");//true
str.endsWith("apple");//false
str.startsWith("banana",6);//true，索引为 6 的位置开始，判断 banana 是否在头部
```

（2）字符串重复

repeat( )方法返回一个新字符串，参数为重复次数，表示将原字符串重复指定次数。例如：

```
const str = 'ES6'
const newStr = str.repeat(3)
console.log(newStr) //ES6ES6ES6
```

如果参数是小数，则向下取整。例如：

```
console.log("ES6,".repeat(3.2));  // "ES6,ES6,ES6,"
```

如果参数是 0～–1 之间的小数，会进行取整运算，0～–1 之间的小数取整得到 0，等同于 repeat 零次。例如：

```
console.log("ES6,".repeat(-0.5));  // ""
```

如果参数是负数，会报错。例如：

```
console.log("ES6,".repeat(-1));
//Uncaught RangeError: repeat count must be non-negative
```

（3）字符串补全

- padStart：用参数字符串从头部（左侧）补全原字符串，返回新的字符串。
- padEnd：用参数字符串从尾部（右侧）补全原字符串，返回新的字符串。

以上两个方法接收两个参数：第一个参数指定生成的字符串的最小长度，第二个参数是用来补全的字符串。如果没有第二个参数，默认用空格填充。

示例代码如下：

```
console.log("h".padStart(5,"o"));//"ooooh"
console.log("h".padEnd(5,"o"));//"hoooo"
console.log("h".padStart(5));//"    h"
```

如果指定的长度小于或等于原字符串的长度，则返回原字符串。例如：

```
console.log("hello".padStart(5,"A"));  // "hello"
```

如果原字符串加上补全字符串长度大于指定长度，则截去超出位数的补全字符串。例如：

```
console.log("hello".padEnd(10,",world!"));  // "hello,worl"
```

4.1.4　Set 和 Map 是什么？有什么作用？

JavaScript 通常使用 Array 或 Object 来存储数据。但是在频繁操作数据的过程中查找或者统计需要手动实现，如去除数组重复数据、统计 Object 的数据总数等。ES6 为了解决上述问题，新增了数据结构 Set 和 Map。

1．Set 数据结构

Set 类似于数组，但其成员的值都是唯一的，没有重复。基本语法如下。

（1）生成 Set 实例

```
let s = new Set();
```

Set 构造函数可以接收一个数组（或类似数组的对象）作为参数。

示例代码如下：

```
let s = new Set([1, 2, 3, 4]);
for (let i of s) {
    console.log(i);
}
//1
//2
//3
//4
```

（2）添加数据

add(value)：添加某个值，返回 Set 实例。add(value)可以链式调用。

示例代码如下：

```
let s = new Set();
s.add("1");//Set [ "1" ]
s.add("2");//Set [ "1", "2" ]
s.add("3").add("4");//Set(4) [ "1", "2", "3", "4" ]
```

📑 注意

Set 数据结构不允许数据重复，所以添加重复的数据是无效的。

示例代码如下：

```
let s = new Set();
console.log(s.add("1").add("1"));//Set [ "1" ]
```

（3）删除数据

- delete(value)：删除指定数据，返回一个布尔值，表示删除是否成功；
- clear( )：清除所有成员，没有返回值。

示例代码如下：

```
// 删除指定数据
s.delete('1')
// 删除全部数据
s.clear()
```

（4）统计数据

- has(value)：判断该值是否为 Set 集合中的成员，返回一个布尔值。
- size：计算数据项总数。

示例代码如下：

```
// 判断是否包含数据项，返回 true 或 false
s.has('hello') // true
// 计算数据项总数
s.size // 2
```

（5）去除数组重复元素

示例代码如下：

```
let arr = [1, 2, 3, 4, 1, 2, 3]
let s = new Set(arr)
console.log(s) //Set(4) [ 1, 2, 3, 4 ]
```

（6）数组合并去重

Array.from( )方法可以将 Set 数据结构转为数组。

示例代码如下：

```
let arr1 = [1, 2, 3, 4]
let arr2 = [2, 3, 4, 5, 6]
let s = new Set([...arr1, ...arr2])
console.log(s)//Set(6) [ 1, 2, 3, 4, 5, 6 ]
console.log(Array.from(s))//Array(6) [ 1, 2, 3, 4, 5, 6 ]
```

（7）遍历

由于 Set 数据结构没有键名，只有键值（或者说键名和键值是同一个值），所以 keys( )方法和 values( )方法的作用一样。

- keys( )：返回键名的遍历器。
- values( )：返回键值的遍历器。
- entries( )：返回键值对的遍历器。
- for…of：可以直接遍历每个成员。
- forEach( )：使用回调函数遍历每个成员。

示例代码如下：

```
let set = new Set(['red', 'green', 'blue']);
for (let item of set.keys()) {
    console.log(item);}
// red
// green
// blue
for (let item of set.values()) {
    console.log(item);
}
// red
// green
// blue
for (let item of set.entries()) {
    console.log(item);
}
// ["red", "red"]
// ["green", "green"]
// ["blue", "blue"]
for (let x of set) {
    console.log(x);
}
// red
// green
// blue
```

上面代码中，entries( )方法返回的同时包括键名和键值，所以每次输出一个数组，它的两个成员完全相等。

Set 实例的 forEach( )方法用于对每个成员执行某种操作，没有返回值。

示例代码如下：

```
let set = new Set([1, 2, 3]);
set.forEach((value,key) => {
    console.log(value,key);
})
// 1 1
```

```
// 2 2
// 3 3
```

上面代码说明，forEach( )方法的参数是一个函数。该函数的参数依次为键值、键名、集合本身（上例省略了该参数）。这里需要注意，Set 数据结构的键名就是键值，因此第一个参数与第二个参数的值永远都是一样的。

2．Map 数据结构

ES6 提供了 Map 数据结构。JavaScript 的对象本质上是键值对的集合，但是传统上只能用字符串作为键，这有了很大的限制。但是 Map 中"键"的范围不限于字符串，各种类型的值（包括对象）都可以当成键，即 Object 结构提供了"字符串-值"的对应，Map 结构提供了"值-值"的对应。

（1）生成 Map 实例

```
const map = new Map();
```

Map 作为构造函数也可以接收一个数组作为参数。该数组的成员是一个个表示键值对的数组（每个成员都是一个双元素的数组）。

示例代码如下：

```
const map = new Map([
    ['name', '张三'],
    ['age', 24]
]);
// Map { name → "张三", age → 25 }
```

上面代码在生成 Map 实例时指定了两个键，分别是 name 和 age，对应值为"张三"和 25。

（2）添加数据

set：往 Map 集合中添加元素，返回当前 Map 对象。

示例代码如下：

```
const map = new Map();
const Str = 'str';
const Obj = {};
const Func = () => {};
map.set(Str, "键'str'对应的值");
map.set(Obj, '键 Obj 对应的值');
map.set(Func, '键 Func 对应的值');
//Map(3) { str → "键'str'对应的值", {} → "键 Obj 对应的值", Func() → "键 Func 对应的值" }
```

如果对同一个键多次赋值，后面的值将覆盖前面的值。例如：

```
const map = new Map();
map.set(1, 'aaa');
map.set(1, 'bbb');
console.log(map);
// Map { 1 → "bbb" }
```

（3）删除数据

- delete：删除指定数据，参数为键名，返回一个布尔值表示是否删除成功。
- clear：清除所有成员，没有返回值。例如：

```
// 删除指定的数据
map.delete(Obj)
// 删除所有数据
map.clear()
```

（4）统计数据

- size 属性：返回 Map 结构的成员总数。
- has 方法：判断某个键是否在当前 Map 对象中，返回一个布尔值。例如：

```
// 统计所有 key-value 的总数
console.log(map.size)
// 判断是否有 key-value
console.log(map.has(Obj))// true
```

（5）查询数据

get 方法读取指定键名对应的键值，如果读取一个未知的键，则返回 undefined。例如：

```
console.log(map.get(Obj));
// 键 Obj 对应的值
const map = new Map();
console.log(map.get('abc'));
// undefined
```

（6）遍历

- keys( )：返回 Map 对象中每个元素的键名（即 key 值）。
- values( )：返回 Map 对象中每个元素的键值（即 value 值）。
- entries( )：返回 [key, value] 。
- forEach( )：对 Map 对象中的每一个键值对执行一次参数中提供的回调函数。
- for…of ：可以直接遍历每个成员。

Map 的遍历顺序就是插入顺序。

示例代码如下：

```
let map = new Map([
    ['F', 'false'],
    ['T', 'true'],
]);
for (let key of map.keys()) {
    console.log(key);}
// "F"
// "T"
for (let value of map.values()) {
    console.log(value);}
// "false"
// "true"
for (let item of map.entries()) {
    console.log(item[0], item[1]);
}
// "F" "false"
// "T" "true"
// 或者
for (let [key, value] of map.entries()) {
    console.log(key, value);
}
// 等同于使用 map.entries()
for (let [key, value] of map) {
    console.log(key, value);
}
```

（7）与数组的互相转换

Map 转为数组最方便的方法就是使用扩展运算符（...）。例如：

```
const myMap = new Map().set(true, 7).set({obj: 3}, ['abc']);
[...myMap]
// [ [ true, 7 ], [ { obj: 3 }, [ 'abc' ] ] ]
//双元素数组
```

数组转为 Map：将数组传入 Map 构造函数，就可以转为 Map。例如：

```
new Map([[true, 7], [{foo: 3}, ['abc']]])
// Map {true => 7, Object {foo: 3} => ['abc']}
```

4.1.5 ES6 对 Object 类型做了哪些升级优化？

1. 属性简洁表示法

在 ES6 之前，Object 的属性必须是 key-value 形式。

示例代码如下：

```
const name = '张三'const age = 24const obj = {
    name: name,
    age: age,
    study: function() {
        console.log(this.name + '今年'+ this.age + '岁')
    }
}
```

在 ES6 之后，允许对象的属性直接写变量，此时属性名是变量名，属性值是变量值。

示例代码如下：

```
let name = '张三'
let age = 24
let obj = {
    name,
    age,
}
```

在 ES6 中，对象的属性名可以直接用变量或表达式来定义，但必须放在方括号内。

示例代码如下：

```
const s = 'school'const obj1 = {
    [s]: 'sicnu'
}
const obj2 = {
    ["he"+"llo"](){
        return "Hello";
    }
}
obj1.school;// "sicnu"
obj2.hello(); // "Hello"
```

2. 对象的新方法

Object.assign(target, sources)方法将所有可枚举属性的值从一个或多个源对象复制到目标对象，返回目标对象。其中，源对象个数不限，如果是零个则直接返回目标对象。参数含义如下表所示：

参数	含义	必选
target	目标对象	Y
sources	源对象	N

如果目标对象和源对象存在相同的属性名，会被源对象的属性覆盖。

示例代码如下：

```
const target = {
    a: 1,
    b: 2}
const source = {
    b: 4,
    c: 5
}
const newTarget = Object.assign(target, source)
console.log(newTarget)
// Object { a: 1, b: 4, c: 5 }
```

如果目标对象不是对象，则自动转换为对象。

示例代码如下：

```
const obj1 = Object.assign(1)
// Number {1}
const obj2 = Object.assign(1, {
    a: 1})
// Number {2, a: 1}
```

如果对象属性具有多层嵌套，这时使用 Object.assign( )合并对象会怎么样呢？

示例代码如下：

```
let target = {
    a: {
        b: {
            c: 1
        },
        e: 4,
        f: 5,
        g: 6
    }}
let source = {
    a: {
        b: {
            c: 1
        },
        e: 2,
        f: 3
    }}
Object.assign(target, source);
console.log(target);
```

这时 g 属性消失了，因为 Object.assign( )对于引用数据类型属于浅拷贝。

注意

- 对象的浅拷贝：浅拷贝是指对象共用一个内存地址，对象的变化相互影响。
- 对象的深拷贝：简单理解是将对象放到新的内存中，对象的改变不会相互影响。

3. 对象的遍历方式

如何能够遍历出对象中每个 key 和 value 的值呢？例如：

```
let obj = {
    name: 'zhangsan',
    age: 24,
    school: 'sicnu'
}
```

for…in 的作用是循环遍历对象自身的和继承的可枚举属性。

```
for (let key in obj) {
    console.log(key, obj[key])
}
```

运行效果如下图所示：

```
name zhangsan
age 24
school sicnu
```

Object.keys( )、Object.getOwnPropertyNames( )和 Reflect.ownKeys( )方法都是返回对象所有 key 组成的数组。

示例代码如下：

```
const keys = Object.keys(obj);
//Array(3) [ "name", "age", "school" ]
keys.forEach(key => {
    console.log(key, obj[key])
})
Object.getOwnPropertyNames(obj).forEach(key => {
    console.log(key, obj[key])
})
Reflect.ownKeys(obj).forEach(key => {
    console.log(key, obj[key])
})
```

4.1.6　ES6 对函数有哪些扩展？

1. 函数参数的扩展

ES6 之前，不能直接为函数的参数指定默认值，而 ES6 允许为函数的参数设置默认值，即直接写在参数定义的后面。例如：

```
function f(x, y = 'World') {
    console.log(x, y);
}
```

参数变量是默认 f 声明的，所以不能用 let 或 const 再次声明。例如：

```
function foo(x = 5) {
    let x = 1;
    // Uncaught SyntaxError: redeclaration of formal parameter x
}
```

使用参数默认值时，函数不能有同名参数。例如：

```
// 不报错
function foo(x, x, y) {  // ...}
// 报错
function foo(x, x, y = 1) {  // ...}
```

2．rest 参数

ES6 引入 rest 参数（形式为...变量名），用于获取函数的多余参数。rest 参数搭配的变量是一个数组，该变量将多余的参数放入数组中。

在写函数时，有时不能确定参数有多少个，如求和运算：

```
function add(...values) {
    let sum = 0;
    for (var val of values) {
        sum += val;  }
    return sum;
}
add(2, 5, 3)// 10
```

3．函数的 length 属性

指定了默认值后，函数的 length 属性将返回没有指定默认值的参数个数。也就是说，指定了默认值后，length 属性将失真。例如：

```
(function (a) {}).length// 1
(function (a = 5) {}).length // 0
(function (a, b, c = 5) {}).length // 2
```

因为 length 属性的含义是，该函数预期传入的参数个数。某个参数指定默认值后，预期传入的参数个数就不包括这个参数了。

同理，后文的 rest 参数也不会计入 length 属性。例如：

```
(function(...args) {}).length // 0
```

如果设置了默认值的参数不是尾参数，那么 length 属性也不再计入后面的参数了。例如：

```
(function (a = 0, b, c) {}).length // 0
(function (a, b = 1, c) {}).length // 1
```

4．name 属性

函数的 name 属性，返回该函数的函数名。例如：

```
function fun() {}
fun.name // "foo"
```

5．箭头函数

箭头函数提供了一种更加简洁的函数书写方式。之前声明函数需要使用 function，例如：

```
function hello() {
    console.log('say hello')}
```

```
// 或
let hello = function() {
    console.log('say hello')
}
```

箭头函数提供了一种更加简洁的函数书写方式。

（1）基本语法

```
参数 => 函数体
let hello = () => {
    console.log('say hello')
}
```

（2）参数的处理

```
let hello = (name) => {
    console.log('say hello', name)
}
// 或者
let hello = name => {
    console.log('say hello', name)
}
```

注意

> 如果只有一个参数，可以省略括号；如果参数大于一个，一定要有括号。

（3）关于返回值的处理

如果返回值是表达式，则可以省略 return 和 {}。例如：

```
let pow = x => x * x
```

（4）关于 this 的处理

普通函数和箭头函数对 this 的处理方式是截然不同的。箭头函数体中的 this 对象，是定义函数时的对象，而不是使用函数时的对象。

示例代码如下：

```
let fun= {
    data:{
        flag: true  },
    init: function(){
        console.log(this.data.flag)
        }
}
fun.init();//true
```

上面是用普通函数的写法，init( )在被调用后，this 指向的是调用 init( )方法的对象，即 p 对象，所以 this.data.flag === p.data.flag 。

示例代码如下：

```
let p= {
    data:{
        flag: true
```

```
    },
    init: () => {
        console.log(this.data.flag)
    }
}
p.init(); // this.data is undefined
```

📚 注意 --

不要在最外层定义箭头函数，因为在函数内部操作 this 很容易"污染"全局作用域。至少在箭头函数外部包一层普通函数，将 this 控制在可见的范围内。

箭头函数最吸引人的地方是简洁，但在有多层函数嵌套的情况下，箭头函数的简洁性并没有很大提升，反而影响了函数作用范围的识别度。这种情况下不建议使用箭头函数。

4.1.7 解构赋值的规则是什么？有哪些用途？

在 ES6 中新增了变量赋值的方式——解构赋值，即允许按照一定模式，从数组和对象中提取值，对变量进行赋值。

1. 数组的解构赋值

解构赋值遵循一个原则，只要等号左右两边的模式相同，就可以进行合法赋值。解构过程中，应该把每个解构的部分对应在一起，层层解构。下面代码表示，可以从数组中提取值，按照对应位置对变量赋值。

```
let [a, b, c] = [1, 2, 3]// a = 1 b = 2 c = 3
let [a, [[b], c]] = [1, [[2], 3]]; // a = 1 b = 2 c = 3
let [a, , b] = [1, 2, 3];// a = 1 , b = 3
```

如果数组的数据个数少于变量的个数，并不会报错，但没有分配到数据的变量值为 undefined。例如：

```
let [firstName, lastName] = ['John'];//firstName:John,lastName:undefined
```

2. 对象的解构赋值

基本语法如下：

```
let {var1, var2} = {var1:…, var2…}
```

解构赋值可以把对象中的属性分别取出来，而无须通过调用属性的方式赋值给指定变量。具体做法是在赋值的左侧声明一个与 Object 结构等同的模板，然后把所需属性的 value 指定为新的变量。例如：

```
let options = {
    title: "Menu",
    width: 100,
    height: 50
}
let {title, width, height} = options
console.log(title) // Menu
console.log(width)// 100
console.log(height) // 50
```

注意

在这个结构赋值的过程中，左侧的"模板"结构要与右侧的 Object 一致，但属性的顺序无须一致。

当然，这个赋值的过程中也可以指定默认值：

```
let options = {
    title: "Menu"
}
let {width = 100, height = 50, title} = options
console.log(title)// Menu
console.log(width)  // 100
console.log(height) // 50
```

如果 Array 或 Object 嵌套了多层，则只需被赋值的结构和右侧赋值的元素一致即可。例如：

```
const options = {
    size: {
        width: 100,
        height: 200
    },
    items: ["Copy", "Cut"],
}
const {
    size: {
        width,
        height,
    },
    items: [item1, item2],
    title = 'Menu',
    // 指定默认值
} = options
//title = 'Menu' width = 100 heigth = 200 item1 = 'Copy' item2 = 'Cut'
```

3. 字符串的解构赋值

字符串也可以解构赋值。此时，字符串被转换成了一个类似数组的对象。例如：

```
const [a, b, c] = 'ES6';
a// "E"
b // "S"
c // "6"
```

类似数组的对象都有一个 length 属性，因此还可以对这个属性解构赋值。例如：

```
let {length : len} = 'ES6';
len // 3
```

4. 函数参数的解构赋值

函数的参数也可以使用解构赋值。例如：

```
function add([x, y]){
```

```
    return x + y;
}add([1, 4]);
// 5
```

上面代码中，函数 add 的参数表面上是一个数组，但在传入参数的那一刻，数组参数就被解构成变量 x 和 y。对于函数内部的代码来说，它们能接收到的参数就是 x 和 y。

又如：

```
[[1, 2], [3, 4]].map(([a, b]) => a + b);// [ 3, 7 ]
```

函数参数的解构也可以使用默认值。例如：

```
function move({x = 0, y = 0} = {}) {
    return [x, y];}
move({x: 3, y: 8});// [3, 8]
move({x: 3});// [3, 0]
move({});// [0, 0]
move();// [0, 0]
```

上面代码中，函数 move 的参数是一个对象，通过对这个对象进行解构，得到变量 x 和 y 的值。如果解构失败，则 x 和 y 等于默认值。

注意

下面的代码会得到不一样的结果。

```
function move({x, y} = { x: 0, y: 0 }) {
    return [x, y];
}
move({x: 3, y: 8});// [3, 8]
move({x: 3});// [3, undefined]
move({});// [undefined, undefined]
move();// [0, 0]
```

上面代码是为函数 move 的参数指定默认值，而不是为变量 x 和 y 指定默认值，所以会得到与前一种写法不同的结果。

undefined 会触发函数参数的默认值。例如：

```
[1, undefined, 3].map((x = 'yes') => x);// [ 1, 'yes', 3 ]
```

4.1.8　数组如何扩展？

1．扩展运算符与 rest 参数

在介绍 ES6 对数组的扩展前，先引入两个操作符：扩展运算符（Spread Operator）和 rest 参数（Rest Parameter）。

（1）含义

rest 参数（Rest Parameter）：用来解决函数参数不确定的场景，与一个变量名搭配使用，生成一个数组，用于获取函数多余的参数。rest 参数形式为(...变量名)。

扩展运算符（Spread Operator）：扩展运算符（spread）是三个点（...），类似于 rest 参数的逆运算，将一个数组转为用逗号分隔的参数序列。

例如：

```
console.log(...[1, 2, 3])// 1 2 3
```

```
console.log(1, ...[2, 3, 4], 5)// 1 2 3 4 5
```

（2）应用

① 复制数组。

数组是复合的数据类型，若直接复制，则只复制了指向底层数据结构的指针，而不是复制一个全新的数组。例如：

```
const a1 = [1, 2];
const a2 = a1;
a2[0] = 2;
a1 // [2, 2]
```

上面代码中，a2 并不是 a1 的复制，而是指向同一份数据的另一个指针。修改 a2，会直接导致 a1 的变化。扩展运算符提供了复制数组的简便写法如下。

```
const a1 = [1, 2];
const a2 = [...a1];
a2[0] = 3;
console.log(a1,a2);//[ 1, 2 ],[ 3, 2 ]
```

② 合并数组。

扩展运算符提供了数组合并的新写法如下。

```
const arr1 = ['a', 'b'];
const arr2 = ['c'];
const arr3 = ['d', 'e'];
// ES5 的合并数组
arr1.concat(arr2, arr3);
// [ 'a', 'b', 'c', 'd', 'e' ]

// ES6 的合并数组
[...arr1, ...arr2, ...arr3]
// [ 'a', 'b', 'c', 'd', 'e' ]
```

③ 与解构赋值结合。

扩展运算符可以与解构赋值结合起来，用于生成数组。例如：

```
const [first, ...rest] = [1, 2, 3, 4, 5];
first // 1
rest // [2, 3, 4, 5]
const [first, ...rest] = [];
first // undefined
rest // []
const [first, ...rest] = ["foo"];
first // "foo"
rest  // []
```

如果将扩展运算符用于数组赋值，则只能放在参数的最后一位，否则会报错。例如：

```
const [...butLast, last] = [1, 2, 3, 4, 5];// 报错
const [first, ...middle, last] = [1, 2, 3, 4, 5];// 报错
```

④ 字符串转数组。

扩展运算符还可以将字符串转为真正的数组。例如：

```
[...'hello']// [ "h", "e", "l", "l", "o" ]
```

2．数组的遍历

for…of 遍历的是一切可遍历的元素（如数组、对象、集合等）。例如：

```
for (let val of [1, 2, 3]) {
    console.log(val);}// 1,2,3
```

上述代码中轻松实现了数组的遍历，for…of 是支持 break、continue、return 的，所以在功能上非常贴近原生的 for。

3．Array.from( )方法

Array.from( )方法将两类对象转为真正的数组：类似数组的对象（ArrayLike Object）和可遍历的对象（包括 ES6 新增的数据结构 Set 和 Map）。

ArrayLike Object 这种数据结构使用数字作为属性名，并且具有长度属性 length。

伪数组具备两个特性：按索引方式储存数据与具有 length 属性。

下面是一个类似数组的对象，Array.from 将它转为真正的数组。

```
let arrayLike = {
    '0': 'a',
    '1': 'b',
    '2': 'c',
    length: 3};
let arr2 = Array.from(arrayLike);
// ['a', 'b', 'c']
```

只要是部署了 Iterator 接口的数据结构，Array.from 就能将其转为数组。

Iterator（迭代器）是一个接口，它的作用是遍历容器的所有元素。例如：

```
Array.from('hello')
// ['h', 'e', 'l', 'l', 'o']
let namesSet = new Set(['a', 'b'])
Array.from(namesSet) // ['a', 'b']
```

上面代码中，字符串和 Set 结构都具有 Iterator 接口，因此可以被 Array.from 转为真正的数组。

如果参数是一个真正的数组，Array.from 会返回一个一模一样的新数组。例如：

```
Array.from([1, 2, 3])// [1, 2, 3]
```

4．Array.of( )方法

Array.of( )方法创建一个具有可变数量参数的新数组实例，不考虑参数的数量或类型。参数如下表所示：

参数	含义	必选
elementN	任意个参数，将按顺序成为返回数组中的元素	Y

示例代码如下：

```
Array.of(7); // [7]
Array.of(1, 2, 3); // [1, 2, 3]
Array(7); // [ , , , , , , ]
Array(1, 2, 3); // [1, 2, 3]
```

Array.of( )和 Array 构造函数之间的区别在于处理整数参数：Array.of(7)创建一个具有单个元素 7 的数组，而 Array(7)创建一个长度为 7 的空数组。后者是指一个有 7 个空位(empty)

的数组，而不是由 7 个 undefined 组成的数组。

5. 数组实例的 fill( )方法

fill( )方法的参数如下表所示：

参数	含义	必选
value	用于填充数组元素的值	Y
start	起始索引，默认值为 0	N
end	终止索引，默认值为 this.length	N

fill( )方法用于空数组的初始化非常方便。数组中已有的元素会被全部抹去。例如：

```
['a', 'b', 'c'].fill(7)// [7, 7, 7]
new Array(3).fill(7)// [7, 7, 7]
```

fill( )方法用一个固定值填充一个数组中从起始索引到终止索引内的全部元素，不包括终止索引。例如：

```
let array = [1, 2, 3, 4]
array.fill(0, 1, 2)// [1,0,3,4]
```

上面操作是将 array 数组的第二个元素（索引为 1）到第三个元素（索引为 2）内的数填充为 0，不包括第三个元素，所以结果是 [1, 0, 3, 4]。

6. 数组实例的 find( )和 findIndex( )方法

find( )方法返回数组中满足提供的测试函数的第一个元素的值，否则返回 undefined。参数如下表所示：

参数	含义	必选
callback	在数组每一项上执行的函数	Y

示例代码如下：

```
let array = [5, 12, 8, 130, 44];
let found = array.find(function(element) {
    return element > 10;});
console.log(found);// 12
```

findIndex( )方法返回数组中满足提供的测试函数的第一个元素的索引，否则返回-1。其实这个和 find( )是成对的，不同之处在于它返回的是索引而不是值。参数如上表所示。

示例代码如下：

```
let array = [5, 12, 8, 130, 44];
let found = array.findIndex(function(element) {
    return element > 10;
});
console.log(found);// 1
```

7. 数组实例的 copyWithin( )方法

在当前数组内部，将指定位置的成员复制到其他位置（会覆盖原有成员），然后返回当前数组。也就是说，使用这个方法，会修改当前数组。

语法格式如下：

```
arr.copyWithin(target, start = 0, end = this.length)
```

参数如下表所示：

参数	含义	必选
target	从该位置开始替换数据。如果为负值，表示倒数	Y
start	从该位置开始读取数据，默认为 0。如果为负值，表示从末尾开始计算	N
end	到该位置前停止读取数据，默认等于数组长度。如果为负值，表示从末尾开始计算	N

示例代码如下：

```
let arr = [1, 2, 3, 4, 5]
console.log(arr.copyWithin(1, 3))// [1, 4, 5, 4, 5]
```

4.1.9　什么是 Number？

1．进制转换

（1）十进制转换为二进制

toString( )方法可把一个 Number 对象转换为一个字符串，并返回结果。语法格式如下：

```
NumberObject.toString(radix);
```

其中，radix 为可选，规定表示数字的基数，是 2～36 之间的整数。若省略该参数，则使用基数 10。例如：

```
const a = 5
console.log(a.toString(2)) // 101
```

（2）二进制转换为十进制

parseInt( ) 函数可解析一个字符串，并返回一个整数。语法格式如下：

```
parseInt(string, radix);
```

其中，string 为必需，是要被解析的字符串；radix 为可选，表示要解析的数字的基数，该值介于 2～36 之间，如果省略该参数或其值为 0，则将以 10 为基数来解析。例如：

```
const b = 101
console.log(parseInt(b, 2)) //5
```

ES6 提供了二进制和八进制数值的新写法，分别用前缀 0b（或 0B）和 0o（或 0O）表示。例如：

```
const a = 0B0101
console.log(a)  // 5
const b = 0O777
console.log(b)  // 511
```

如果要将 0b 和 0o 前缀的字符串数值转为十进制，则使用 Number( )方法。例如：

```
Number('0b111')  // 7
Number('0o10')  // 8
```

2．新增方法

（1）Number.isFinite( )

检查一个数值是否为有限的（finite），即不是 Infinity。Number.isFinate 没有隐式的 Number( )类型转换，所有非数值参数都返回 false。例如：

```
Number.isFinite(15) // true
Number.isFinite(0.8) // true
```

```
Number.isFinite('hello') // false
Number.isFinite('15') // false
Number.isFinite(true) // false
```

（2）Number.isNaN( )

检查一个值是否为 NaN。

NaN（Not a Number，非数）是计算机科学中数值数据类型的一类值，表示未定义或不可表示的值，说明某些算术运算（如求负数的平方根）的结果不是数字。方法 parseInt( ) 和 parseFloat( ) 在不能解析指定的字符串时就返回这个值。对于一些常规情况下返回有效数字的函数，也可以采用这种方法，用 Number.NaN 说明它的错误情况。

在全局的 isNaN( ) 中，NaN 皆返回 true，因为在判断前会将非数值向数值转换，而 Number.isNaN( ) 不存在隐式的 Number( ) 类型转换，非 NaN 全部返回 false。因此，不能与 Number.NaN 比较来检测一个值是不是数字，而只能调用 isNaN( ) 来比较。

NaN 与其他数值进行比较的结果总是不相等的，包括它自身在内。例如：

```
Number.isNaN(NaN) // true
Number.isNaN(15) // false
Number.isNaN('15') // false
Number.isNaN(true) // false
Number.isNaN(9 / NaN) // true
Number.isNaN('true' / 0) // true
```

（3）Number.isInteger( )

判断一个数值是否为整数。例如：

```
Number.isInteger(25) // true
Number.isInteger(25.1) // false
Number.isInteger() // false
Number.isInteger(null) // false
Number.isInteger('15') // false
Number.isInteger(true) // false
```

（4）安全整数

JavaScript 能够准确表示的整数范围为-2^53～2^53（不含两个端点），超过这个范围，无法精确表示这个值。ES6 引入了 Number.MAX_SAFE_INTEGER 和 Number.MIN_SAFE_INTEGER 两个常量，分别用来表示这个范围的上下限。例如：

```
console.log(Number.MAX_SAFE_INTEGER); //9007199254740991
console.log(Number.MIN_SAFE_INTEGER); //-9007199254740991
```

（5）Number.isSafeInteger( )

判断一个整数是否落在这个安全整数范围之内。例如：

```
const a = 2*53-1;
console.log(Number.isSafeInteger(a)); //true
```

3. Math 扩展

ES6 在 Math 对象上新增了一些数学相关的方法。这些方法都是静态方法，只能在 Math 对象上调用。

（1）Math.trunc( )

去除一个数的小数部分，返回整数部分。例如：

```
console.log(Math.trunc(5.5))
console.log(Math.trunc(-5.5))
```

```
console.log(Math.trunc(true)) // 1
console.log(Math.trunc(false)) // 0
console.log(Math.trunc(NaN)) // NaN
console.log(Math.trunc(undefined)) // NaN
console.log(Math.trunc()) // NaN
```

（2）Math.sign( )

判断一个数是正数、负数还是零。对于非数值，会先将其转换为数值。它会返回 5 种值：参数为正数，返回+1；参数为负数，返回-1；参数为 0，返回 0；参数为-0，返回-0；其他值，返回 NaN。例如：

```
console.log(Math.sign(5)) // 1
console.log(Math.sign(-5)) // -1
console.log(Math.sign(0)) // 0
console.log(Math.sign(NaN)) // NaN
console.log(Math.sign(true)) // 1
console.log(Math.sign(false)) // 0
```

（3）Math.cbrt( )

计算一个数的立方根。对于非数值，Math.cbrt( )方法内部也是先使用 Number 方法将其转换为数值。例如：

```
console.log(Math.cbrt(8)) // 2
console.log(Math.cbrt('sss')) // NaN
```

4.1.10 JavaScript 中如何声明一个"类"？

1. 声明类

JavaScript 中声明类的传统方法是通过构造函数，定义类并生成新对象。在 ES6 之前是这么做的：

```
let Animal = function(type) {
    this.type = type
    this.walk = function() {
        console.log( `I am eating` )
    }
}
let dog = new Animal('dog')
let monkey = new Animal('monkey')
```

在上面代码中，定义了一个名为 Animal 的类，类中声明了一个属性 type 和一个方法 walk；通过 new Animal 这个类生成实例，完成了类的定义和实例化。这种写法跟传统的面向对象语言（如 C++和 Java）差异很大。

在 ES6 中把类的声明专业化了，不再采用 function 方式，而是引入了 Class（类）概念。通过 class 关键字，可以实现类的定义，例如：

```
class Animal {
    constructor(type) {
        this.type = type
    }
    walk() {
        console.log( `I am walking` )
    }
}
let dog = new Animal('dog')
let monkey = new Animal('monkey')
```

上面代码中，constructor( )方法是类的默认方法，通过 new 命令生成对象实例时，自动调用该方法。一个类必须有 constructor( )方法，如果没有显式定义，一个空的 constructor( )方法会被默认添加。

ES6 关于类的声明有构造函数和方法，但是 class 是一种新的数据类型吗？例如：

```
console.log(typeof Animal) //function
```

由上可以发现 class 的类型还是 function。class 的方式是 function 方式的语法糖，它的绝大部分功能 ES5 都可以做到，新的 class 写法只是让对象原型的写法更加清晰，更像面向对象编程的语法。

2．Setters & Getters

对于类中的属性，可以直接在 constructor( )方法中通过 this 直接定义，也可以直接在类的顶层来定义，例如

```
class Animal {
    constructor() {
    }
    get addr() {
        return 'ES6'
    }
    set addr(value) {
        console.log('setter: '+value);
    }
}
```

上面代码中，addr 属性有对应的存值函数和取值函数，因此赋值和读取行为都被自定义了。

在"类"的内部可以使用 get 和 set 关键字，对某个属性设置存值函数和取值函数，拦截该属性的存取行为。再如以下应用场景：

```
class CustomHTMLElement {
    constructor(element) {
        this.element = element
    }
    get html() {
        return this.element.innerHTML
    }
    set html(value) {
        this.element.innerHTML = value
    }
}
```

利用 set/get 实现了对 element.innerHTML 的简单封装。

3．静态方法

类相当于实例的原型，所有在类中定义的方法，都会被实例继承。如果在一个方法前，加上 static 关键字，就表示该方法不会被实例继承，而直接通过类来调用，称之为静态方法。例如：

```
class Animal {
    constructor(type) {
        this.type = type
```

```
    }
    walk() {
        console.log( `I am walking` )
    }
    static eat() {
        console.log( `I am eating` )
    }
}
```

Animal 类的 eat( )方法前有 static 关键字，表明该方法是一个静态方法，可以直接在 Animal 类上调用 Animal.eat( )，而不是在 Animal 类的实例上调用。如果在实例上调用静态方法，会抛出一个错误，表示不存在该方法。

 注意 ---

> 如果静态方法包含 this 关键字，此 this 指的是类，而不是实例。

4．继承

面向对象之所以可以应对复杂的项目实现，很大程度上归功于继承。在 ES5 中实现继承的方法如下：

```
// 定义父类
let Animal = function(type) {
    this.type = type
}
// 定义方法
Animal.prototype.walk = function() {
console.log( `I am walking` )
}
// 定义静态方法
Animal.eat = function(food) {
console.log( `I am eating` )
}
// 定义子类
let Dog = function() {
// 初始化父类
    Animal.call(this, 'dog')
    this.run = function() {
        console.log('I am running')
    }
}
// 继承
Dog.prototype = Animal.prototype
```

上面代码可读性较差。在 ES6 中通过 extends 关键字实现继承，这比 ES5 的通过修改原型链实现继承要清晰和方便得多。例如：

```
class Animal {
    constructor(type) {
        this.type = type
    }
    walk() {
        console.log( `I am walking` )
    }
    static eat() {
        console.log( `I am eating` )
```

```
    }
}
class Dog extends Animal {
    constructor () {
        super('dog')
        // 调用父类的 constructor(type)
    }
    run () {
        console.log('I am running')
    }
}
```

上面代码中，constructor( )方法中都出现了 super 关键字，它在这里表示父类的构造函数，用来新建父类的 this 对象。子类必须在 constructor( )方法中调用 super( )方法，否则生成实例时会报错。

4.1.11　如何优雅地处理异步操作？

Promise 就是为了解决"回调地狱"问题的，可以将异步操作的处理变得很优雅。ES6 将其写进了语言标准，统一了用法，原生提供了 Promise 对象。

Promise 简单说就是一个容器，里面保存着某个未来才会结束的事件（通常是一个异步操作）的结果。从语法上说，Promise 是一个对象，可以从它获取异步操作的消息。Promise 提供统一的 API，各种异步操作都可以用同样的方法进行处理。

Promise 对象有以下两个特点。

- 对象的状态不受外界影响。Promise 对象代表一个异步操作，有三种状态：Pending（进行中）、Resolved（已完成，又称 Fulfilled）和 Rejected（已失败）。只有异步操作的结果可以决定当前的状态，任何其他操作都无法改变这个状态。这也是 Promise 这个名字的由来，它的意思就是"承诺"，表示其他手段无法改变。
- 一旦状态改变，就不会再变，任何时候都可以得到这个结果。Promise 对象的状态改变，只有两种可能：从 Pending 变为 Resolved，从 Pending 变为 Rejected。只要这两种情况发生，状态就不再变了，会一直保持这个结果。如果改变已经发生了，再对 Promise 对象添加回调函数，也会立即得到这个结果。这与事件（Event）完全不同，事件的特点是，如果错过了它，再去监听是得不到结果的。

有了 Promise 对象，就可以将异步操作以同步操作的流程表达出来，避免了层层嵌套的回调函数。此外，Promise 对象提供统一的接口，使控制异步操作更加容易。

Promise 也有一些缺点。第一，无法取消 Promise，一旦新建它就会立即执行，无法中途取消。第二，如果不设置回调函数，Promise 内部抛出的错误不会反映到外部。第三，当处于 Pending 状态时，无法得知目前进展到哪个阶段（刚刚开始还是即将完成）。

1. 生成 Promise 实例

ES6 规定了 Promise 构造函数，用来生成 Promise 实例。生成一个 Promise 实例的代码如下：

```
var promise = new Promise(function(resolve, reject) {
    if (/* 异步操作成功 */){
        resolve(res);  }
```

```
      else {
          reject(err);}
    });
```

Promise 构造函数的两个参数分别是 resolve( )函数和 reject( )函数，由 JavaScript 引擎提供，不用自己部署。

resolve( )函数的作用是，将 Promise 对象的状态从"未完成"变为"成功"（即从 Pending 变为 Resolved），在异步操作成功时调用，并将异步操作的结果作为参数传递出去。reject( )函数的作用是，将 Promise 对象的状态从"未完成"变为"失败"（即从 Pending 变为 Rejected），在异步操作失败时调用，并将异步操作报出的错误作为参数传递出去。Promise 的状态走向如下图所示：

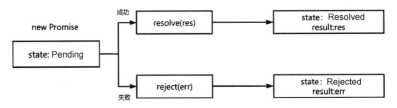

2. Promise.prototype.then( )

Promise 实例生成以后，可以用 then( )方法分别指定 Resolved 状态和 Rejected 状态的回调函数。例如：

```
promise.then(function(res) {
    // success
},
function(err) {
    // failure
});
```

then( )方法可以接收两个回调函数作为参数。第一个回调函数在 Promise 对象的状态变为 Resolved 时调用，第二个回调函数在 Promise 对象的状态变为 Rejected 时调用。这两个函数都接收 Promise 对象传出的值作为参数。

下面是一个使用 Promise 对象的简单示例。

```
function timeout(ms) {
    return new Promise((resolve, reject) => {
        setTimeout(resolve, ms, 'done');
    });
}
timeout(100).then((value) => {
    console.log(value);
    //done
});
```

上面代码中，timeout( )方法返回一个 Promise 实例，表示一段时间以后才会发生的结果。过了指定的时间（ms 参数），Promise 实例的状态变为 Resolved，就会触发 then( )方法绑定的回调函数。

Promise 实例生成后会立即执行。例如：

```
const promise = new Promise(function(resolve, reject) {
    console.log('Promise');
    resolve();
});
```

```
promise.then(function() {
    console.log('Resolved');
});
console.log('Done!');
```

运行效果如下图所示：

```
Promise
Done!
Resolved
```

上面代码中，Promise 新建后立即执行，所以首先输出的是 Promise。then( )方法指定的回调函数，将在当前脚本所有同步任务执行完才会执行，所以最后打印出 Resolved。

下面是使用 Promise 异步加载图片的示例。

```
<!DOCTYPE html>
<html lang="en">
    <head>
        <meta charset="UTF-8">
        <meta name="viewport" content="width=device-width, initial-scale=1.0">
        <link rel="shortcut icon" href="#" />
        <title>异步加载图片</title>
    </head>
    <body>
        <div id="imgDiv"></div>
        <script>
            function loadImageAsync(url) {
                return new Promise(function(resolve, reject) {
                    const image = new Image();
                    image.onload = function() {
                        resolve(image);
                    };
                    image.onerror = function() {
                        reject(new Error(`图片走丢啦! ${url}`));
                    };
                    image.src = url;
                    image.style.width = '100px'
                    document.getElementById("imgDiv").append(image)
                });
            }
            loadImageAsync('image/earth.jpg');
        </script>
    </body>
</html>
```

上面代码中，使用 Promise 包装了一个图片加载的异步操作。如果加载成功，就调用 resolve( )方法，否则就调用 reject( )方法。运行效果如下图所示：

如果图片加载失败，运行效果如下图所示：

如果 resolve( )函数和 reject( )函数都带有参数，它们的参数就会被传递给回调函数。reject( )函数的参数通常是 Error 对象的实例，表示抛出的错误；resolve( )函数的参数除正常的值外，还可以是另一个 Promise 实例，表示异步操作的结果可能是一个值，也可能是另一个异步操作，例如：

```
const p1 = new Promise(function (resolve, reject) {
    // ...
});
const p2 = new Promise(function (resolve, reject) {
    // ...
    resolve(p1);
})
```

上面代码中，p1 和 p2 都是 Promisc 的实例，但是 p2 的 resolve( )方法将 p1 作为参数，即一个异步操作的结果是返回另一个异步操作。

📖 **注意**
- -

这时 p1 的状态就会传递给 p2，换句话说，p1 的状态决定了 p2 的状态。如果 p1 的状态是 Pending，p2 的回调函数就会等待 p1 的状态改变；如果 p1 的状态已经是 Resolved 或者 Rejected，p2 的回调函数将会立刻执行。

then( )方法返回的是一个新的 Promise 实例，因此可以采用链式写法，即 then( )方法后面再调用另一个 then( )方法。链式调用 then( )方法，可以指定一组按照次序调用的回调函数。若前一个回调函数返回的还是一个 Promise 对象（即有异步操作），后一个回调函数就会在该 Promise 对象的状态发生变化时，才会被调用。例如：

```
getJSON("1.json").then(function(post) {
    return getJSON(post.commentURL);
}).then(function func1(comments) {
    console.log("Resolved: ", comments);
}, function func2(err){
    console.log("Rejected: ", err);
});
```

上面代码中，第一个 then( )方法指定的回调函数，返回的是另一个 Promise 对象。这时，第二个 then( )方法指定的回调函数，就会等待这个新的 Promise 对象状态发生变化。如果状态变为 Resolved，就调用 func1；如果状态变为 Rejected，就调用 func2。

如果采用箭头函数，上面的代码可以写得更简洁如下：

```
getJSON("1.json").then(
    post => getJSON(post.commentURL)).then(
    comments => console.log("Resolved: ", comments),
    err => console.log("Rejected: ", err)
);
```

3. Promise.prototype.catch( )

Promise 对象的 catch( )方法可以捕获异步操作过程中出现的任何异常。例如：

```
function test() {
    return new Promise((resolve, reject) => {
        reject(new Error('Promise error'))
    })
}
test().catch((e) => {
    console.log(e.message);
    // Promise error
})
```

上面代码中 catch 捕获 Promise 对象中的异常,那么 catch 捕获的是 Promise 内部的 error 还是 reject 呢？例如：

```
function test() {
    return new Promise((resolve, reject) => {
        throw new Error('error')
    })
}
test().catch((e) => {
    console.log(e.message)
    // error
})
```

对比上面两段代码可以发现, new Error 和 reject 都触发了 catch 的捕获,而第一个用法中虽然也有 Error 但它不是 throw，只是 reject 的参数为 Error 对象，换句话说 new Error 不会触发 catch，而是 reject。

📚 注意

不建议在 Promise 内部使用 throw 来触发异常，而应使用 reject(new Error( ))方式，因为 throw 的方式并没有改变 Promise 的状态。

4. Promise.resolve( )

Promise.resolve( )的作用是将现有对象转为 Promise 对象。new Promise( )可以创建 Promise 对象，也可以直接通过 Promise.resolve( )静态方法。例如，Promise.resolve(12)可以认为是下面代码的语法糖：

```
new Promise(function(resolve) {
    resolve(12)})
Promise.resolve(12)
```

上面代码中的 resolve(12)会让这个 Promise 对象立即进入确定（即 Resolved）状态，并将 12 传递给后面 then( )里指定的 onFulfilled 函数。

方法 Promise.resolve(value) 的返回值也是一个 Promise 对象，所以可以接着对其返回值进行.then 调用，代码如下。

```
Promise.resolve(12).then(function(value) {
    console.log(value)  // 12
})
```

5．Promise.reject( )

Promise.reject(error)是与 Promise.resolve(value) 类似的静态方法，Promise.reject(error)` 方法也会返回一个新的 Promise 实例，该实例的状态为 Rejected。例如，Promise.reject(new Error("Error!")) 就是下面代码的语法糖：

```
Promise.reject(new Error('Error!'))
const p = new Promise(function(resolve, reject) => reject(new Error('Error!')))
```

上面代码生成一个 Promise 对象的实例 p，状态为 Rejected，回调函数会立即执行。

 注意

Promise.reject( )方法的参数会原封不动地作为 reject 的理由，变成后续方法的参数。这一点与 Promise.resolve( )方法不一样。

6．Promise.all( )

Promise.all( )方法将多个 Promise 实例包装成一个新的 Promise 实例。例如：

```
let p1 = Promise.resolve(1)
let p2 = Promise.resolve(2)
let p3 = Promise.resolve(3)
Promise.all([p1, p2, p3]).then(function(results) {
    console.log(results) // [1, 2, 3]
})
```

上面代码中，Promise.all( )方法接收一个数组作为参数，p1、p2、p3 都是 Promise 对象的实例。Promise.all( )生成并返回一个新的 Promise 对象，所以它可以使用 Promise 实例的所有方法。参数传递 Promise 数组中所有的 Promise 对象都变为 resolve 时，该方法才会返回，新创建的 Promise 则会使用这些 Promise 的值。

如果参数中的任何一个 Promise 为 reject，则整个 Promise.all 调用会立即终止，并返回一个 reject 的新的 Promise 对象。

7．Promise.race( )

Promise.race( )方法同样是将多个 Promise 实例包装成一个新的 Promise 实例。基本语法如下：

```
Promise.race(promiseArray)
```

Promise.race 生成并返回一个新的 Promise 对象。参数 promise 数组中的任何一个 Promise 对象状态改变，该函数就会返回，并使用这个率先改变的 Promise 对象的值进行 resolve 或者 reject。例如：

```
let p1 = Promise.resolve(1)
let p2 = Promise.resolve(2)
```

```
let p3 = Promise.resolve(3)
Promise.race([p1, p2, p3]).then(function(value) {
    console.log(value) // 1
})
```

4.1.12　ES6 中的 Proxy 有什么作用？

在 ES6 中新增的一个非常强大的功能是 Proxy，它用于修改某些操作的默认行为（如查找、赋值、枚举、函数调用等），等同于在语言层面做出修改，所以属于一种"元编程"（meta programming），即对编程语言进行编程。

简单地说，Proxy 在目标对象之前架设一层"拦截"，外界访问该对象时，都必须先通过这层拦截。通过 Proxy 可以对外界的访问进行过滤和改写。

换言之，Proxy 对象可以对 JavaScript 中的一切合法对象的基本操作进行自定义，然后用自定义的操作覆盖其对象的基本操作。

1. 基本语法

ES6 提供 Proxy 构造函数，用来生成 Proxy 实例。语法如下：

```
let p = new Proxy(target, handler)
```

target 参数是用来代理的"对象"，handler 参数用来定制拦截行为，如下表所示：

参数	含义	必选
target	用 Proxy 包装的目标对象（可以是任何类型的对象，甚至是另一个代理）	Y
handler	执行一个操作时定义代理行为的函数	Y

2. 常用拦截操作

（1）get(target, propKey, receiver)

拦截对象属性的读取，如 proxy.foo 和 proxy['foo']操作。例如：

```
let arr = [7, 8, 9]
arr = new Proxy(arr, {
    get(target, prop) {
        return prop in target ? target[prop] : '访问对象不存在该属性'    }
})
console.log(arr[1]) // 8
console.log(arr[10]) // 访问对象不存在该属性
```

上面代码表示，对数组 arr 访问时进行了代理，在读取 arr 元素时，如果访问不存在的元素，则返回"访问对象不存在该属性"。

（2）set(target, propKey, value, receiver)

拦截对象属性的设置，如 proxy.foo = v 或 proxy['foo'] = v，返回一个布尔值。如果这种方法抛出错误或者返回 false，当前属性就无法被赋值。例如：

```
let arr = [];
arr = new Proxy(arr, {
    set(target, prop, val) {
        if (typeof val === 'number') {
            target[prop] = val;
            return true;
```

```
      } else {
          return false;
      }
   }
})
arr.push(5);
arr.push(6);
//arr.push("string");
console.log(arr[0], arr[1], arr.length); //5 6 2
```

上面代码中，对数组的添加元素操作进行了拦截处理，若添加元素的类型为 number，则直接添加，否则添加失败。如果把 arr.push("string")注释打开，会抛出异常 Uncaught TypeError: proxy set handler returned false for property '2'.

（3）has(target, propKey)

拦截 propKey in proxy（即判断对象是否具有某个属性）的操作，返回一个布尔值。例如：

```
let range = {
    start: 1,
    end: 5}
range = new Proxy(range, {
    has(target, propKey) {
        return propKey >= target.start && prop <= target.end
    }
})
console.log(2 in range) // true
console.log(9 in range) // false
```

上面代码表示，对判断对象 range 是否具有某个属性操作进行拦截处理，如果参数值介于属性 start 和 end 之间，则返回 true；否则，返回 false。

（4）deleteProperty(target, propKey)

拦截对象属性的删除操作，返回一个布尔值。如果这种方法抛出错误或者返回 false，当前属性就无法被 delete 命令删除。例如：

```
let user = {
    name: 'zhangsan',
    age: 24,
    _password: '***'
}
user = new Proxy(user, {
    get(target, prop) {
        if (prop.startsWith('_')) {
            throw new Error('不可访问')
        } else {
            return target[prop]
        }
    },
    set(target, prop, val) {
        if (prop.startsWith('_')) {
            throw new Error('不可访问')
        } else {
            target[prop] = val
            return true
        }
    },
```

```
        deleteProperty(target, prop) {
            // 拦截删除
            if (prop.startsWith('_')) {
                throw new Error('不可删除')
            } else {
                delete target[prop]
                return true
            }
        },
    })
    console.log(user.age)
    //24
    user.age = 18console.log(user.age) //18
    try {
        user._password = 'xxx'} catch (e) {
            console.log(e.message) //不可访问
        }
    console.log(user)
    //<target>: Object { name: "zhangsan", age: 18, _password: "***" }
    try {
        // delete user.age
        delete user._password} catch (e) {
            console.log(e.message)
            //不可删除
        }
    console.log(user)
    //<target>: Object { name: "zhangsan", _password: "***" }
```

上面代码中，定义了一个对象 user，并对 user 的访问做了拦截处理：访问 user 属性时，若属性名以下画线开头，则该属性不允许访问、赋值和删除。

（5）construct(target, args)

construct( )方法拦截 new 命令，拦截 Proxy 实例作为构造函数调用的操作。construct( )方法返回的必须是一个对象，否则会报错。例如：

```
    let User = class {
        constructor(name) {
            this.name = name;
        }}
    User = new Proxy(User, {
        construct(target, args) {
            return new target(...args);
        }
    })
    console.log(new User('ES6')); //Object { name: "ES6" }
```

（6）apply(target, object, args)

拦截函数的调用操作。apply( )方法可以接收三个参数，分别是目标对象、目标对象的上下文对象（this）和目标对象的参数数组。例如：

```
    let sum = (...args) => {
        let num = 0
        args.forEach(item => {
            num += item
        })
```

```
        return num}sum = new Proxy(sum, {
            apply(target, ctx, args) {
                return target(...args) * 2
            }
        })
    console.log(sum(1, 2)); //6
```

上面代码中，对 sum 函数的调用进行了拦截处理，将 sum 函数的执行结果进行乘 2 的操作再返回。

4.1.13　什么是 JavaScript Generator？

Generator 函数是 ES6 提供的一种异步编程解决方案，语法行为与传统函数完全不同。通俗地讲，Generator 是用来控制迭代器的函数，它们可以暂停并在指定时间恢复。

常规循环的示例如下：

```
for (let i = 0; i < 3; i += 1) {
    console.log(i)
}
// 0 -> 1 -> 2
```

利用 Generator 的示例如下：

```
function* generatorForLoop() {
    for (let i = 0; i < 3; i += 1) {
        yield console.log(i)
    }}
const genForLoop = generatorForLoop()console.log(genForLoop.next())
// 0
console.log(genForLoop.next())
// 1
console.log(genForLoop.next())
// 2
```

常规循环只能一次遍历完所有值，Generator 可以通过 yield 关键字和 next( )方法取到依次遍历的值，让遍历的执行变得可控。

1．基本语法

Generator 函数有几点值得注意：一是，function 关键字与函数名之间有一个星号*；二是，函数体内部使用 yield 语句定义不同的内部状态，控制程序的执行的"暂停"；三是，通过调用 next( )方法来恢复程序的执行。例如：

```
function* myGenerator() {
    yield "first";
    yield "second";
    return "third";
}
let mg = myGenerator()
```

上面代码定义了一个 Generator 函数 myGenerator，它内部有两个 yield 语句——"first"和"second"，即该函数有三个状态：first、second 和 return 语句（结束执行）。

调用 Generator 函数后，该函数并不执行，返回的也不是函数运行结果，而是一个指向内部状态的指针对象，必须调用遍历器对象的 next( )方法，使指针移向下一个状态。也就是说，每次调用 next( )方法，内部指针就从函数头部或上一次停下来的地方开始执行，直到遇到下一个 yield 语句（或 return 语句）为止。

换言之，Generator 函数是分段执行的，yield 语句是暂停执行的标记，而 next( )方法可以恢复执行。next( )方法返回一个对象，它的 value 属性就是当前 yield 语句后面表达式的值；done 属性是一个布尔值，表示遍历是否结束。例如：

```
mg.next()// { value: 'first', done: false }
mg.next()// { value: 'second', done: false }
mg.next()// { value: 'third', done: true }
mg.next()// { value: undefined, done: true }
```

 注意

Generator 函数的定义不能使用箭头函数，否则会触发 SyntaxError 错误。例如：

```
let generator = * () => {} // SyntaxError
let generator = () * => {} // SyntaxError
let generator = ( * ) => {} // SyntaxError
```

以上写法都是错误的。

2. yield 表达式

yield 表达式用于暂停和恢复一个生成器函数。关于 yield 表达式，有以下几点需要注意。

① yield 表达式的返回值是 undefined，但是遍历器对象的 next( )方法可以修改这个默认值。例如：

```
function* myGenerator() {
    let val
    val = yield 'first'
    console.log( `1:${val}` ) // 1:undefined
    val = yield 'second'
    console.log( `2:${val}` ) // 2:undefined
    val = yield 'third'
    console.log( `3:${val}` ) // 3:undefined
    return val
}
var g = myGenerator()
console.log(g.next()) // {value: 'first', done: false}
console.log(g.next()) // {value: 'second', done: false}
console.log(g.next()) // {value: 'third', done: false}
console.log(g.next()) // {value: undefined, done: true}
```

运行效果如下图所示，可以看出来 yield 表达式的返回值是 undefined。

```
▶ Object { value: "first", done: false }
1:undefined
▶ Object { value: "second", done: false }
2:undefined
▶ Object { value: "third", done: false }
3:undefined
▶ Object { value: undefined, done: true }
```

② 若 Generator 函数中没有 yield 表达式，则变成了一个单纯的暂缓执行函数。例如：

```
function* fun() {
    console.log('执行 Generator 函数！')
}
var g = fun()
console.log("调用 Generator 函数! ")
g.next()
```

上面代码中，若函数 fun( )是普通函数，则在为变量 g 赋值时就会执行。但是，函数 fun( )是一个 Generator 函数，只有调用 next( )方法时，函数 fun( )才会执行。运行效果如下图所示：

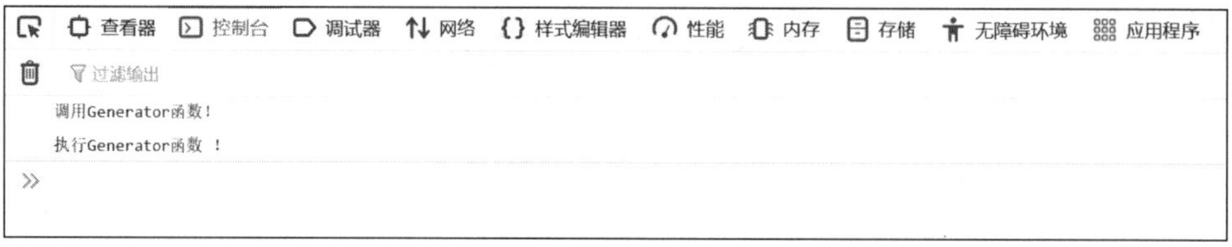

③ yield 语句只能用在 Generator 函数中，用在其他地方都会报错。例如：

```
(function (){
    yield 1;
})()
// Uncaught SyntaxError: yield expression is only valid in generators
```

④ yield 语句如果用在一个表达式中，则必须放在圆括号里面。如果没有用圆括号括起来，则会报语法错误：Uncaught SyntaxError: yield is a reserved identifier。例如：

```
function* fun() {
    console.log('yield:' + (yield));
    console.log('yield:' + (yield 123));
}
var g =fun();
console.log(g.next());
console.log(g.next());
```

运行效果如下图所示：

3. Generator 对象的方法

Generator 对象的方法有 next( )、return( )、throw( )。

（1）next(value)

Generator 对象通过 next( )方法获取每一次遍历的结果，这个方法返回一个对象，这个对象包含两个属性：value 和 done。value 是指当前程序的运行结果，done 表示遍历是否结束。

其实 next( )是可以接收参数的，这个参数可以在 Generator 外部给内部传递数据。yield 语句本身没有返回值，next( )方法传递的参数就会被当成上一个 yield 语句的返回值。例如：

```
function* gen() {
    var val = 100
    while (true) {
        console.log( `before ${val}` )
```

```
            val = yield val
            console.log( `return ${val}` )
        }
    }
var g = gen()
console.log(g.next(200).value)
console.log(g.next(300).value)
console.log(g.next(400).value)
```

运行效果如下图所示：

```
before 100

100

return 300

before 300

300

return 400

before 400

400
```

下面分析这段代码的执行过程。

- 首先，g.next(200) 会执行 gen( )函数内部的代码，遇到第一个 yield 暂停。因此，console.log(before ${val})执行打印了 before 100，此时变量 val 值为 100。执行到 yield val 时暂停，next( )方法返回了 100，但此时 yield val 并没有赋值给 val。

- 然后，g.next(300) 语句会从 val = yield val 语句继续往后执行。因为 next 传入了 300，300 作为上一个 yield 表达式的返回值，所以执行 val = yield val 后变量 val 被赋值为 300，故执行到 console.log(return ${val})在控制台打印了 return 300。此时没有遇到 yield，继续执行 console.log(before ${val})打印出了 before 300，再执行，遇到 yield val 时暂停。

- 最后，g.next(400) 重复上一步骤。

这个功能有重要意义：Generator 函数从暂停状态到恢复执行，它的上下文（context）状态是不变的。通过 next( )方法的参数，能在 Generator 函数开始运行之后，继续向函数体内部输入值。换句话说，在 Generator 函数运行的不同阶段，可以从外部向函数体内部输入不同的值，从而调整函数行为。

（2）return( )

return( )方法可以终止遍历 Generator 函数，类似 for 循环中的 break。return( )方法返回的也是一个对象，有 value 和 done 两个属性，value 表示返回值，done 表示遍历是否终止。因为 return( )方法的作用就是终止遍历 Generator 函数，所以 return 返回对象的 done 属性值总为 true。例如：

```
function* fun() {
    yield 1
    yield 2
    yield 3
}
var g = fun()
console.log(g.next()) // {value: 1, done: false}
console.log(g.return()) // {value: undefined, done: true}
```

```
console.log(g.next()) // {value: undefined, done: true}
```

return( )方法也可以传入参数，作为返回的 value 值。例如：

```
function* gen() {
    yield 1
    yield 2
    yield 3
}
var g = gen()
console.log(g.next()) // {value: 1, done: false}
console.log(g.return(100)) // {value: 100, done: true}
console.log(g.next()) // {value: undefined, done: true}
```

（3）throw( )

throw( )方法可以在函数体外抛出错误，然后在 Generator 函数体内捕获，即 Generator 外部控制内部执行的"中断"。例如：

```
function* gen() {
    while (true) {
        try {
            yield 'normal'
        } catch (e) {
            console.log(`内部捕获异常：${e}`)
        }
    }}
var g = gen()
console.log(g.next()) // { value: 'normal', done: false }
console.log(g.next()) // { value: 'normal', done: false }
console.log(g.next()) // { value: 'normal', done: false }
g.throw('error') //抛出异常
console.log(g.next()) // { value: 'normal', done: false }
```

运行效果如下图所示：

```
▶ Object { value: "normal", done: false }
▶ Object { value: "normal", done: false }
▶ Object { value: "normal", done: false }
异常处理：error
▶ Object { value: "normal", done: false }
```

从运行结果可以看出，只要 Generator 函数内部部署了 try…catch 代码块，遍历器的 throw( )方法抛出的错误就不影响下一次遍历。

4.2　Bootstrap 框架

4.2.1　Bootstrap 是什么？为什么使用它？

Bootstrap 来自 Twitter，是目前十分受欢迎的前端框架之一。Bootstrap 是基于 HTML、CSS、JavaScript 的开源工具集，用于开发响应式布局、移动设备优先的 Web 项目，使

Web 开发更加简单快捷。具体如下图所示：

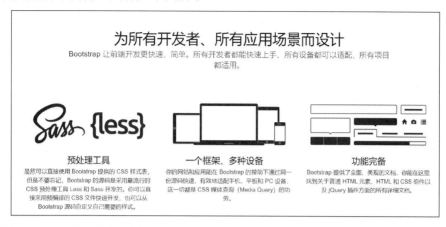

使用 Bootstrap 的原因包括：

- 浏览器支持：所有主流浏览器都支持 Bootstrap。
- 容易上手：只要拥有 HTML 和 CSS 的基础知识，就可以开始学习 Bootstrap。
- 响应式设计：Bootstrap 的响应式 CSS 能够自适应于台式计算机、平板电脑和手机。
- 开源：方便学习源代码及使用规范。

4.2.2 如何开始使用 Bootstrap？

使用 Bootstrap，必须包含相应的集成包。集成包引入方式有两种：使用 cdn 引入；下载到本地。本书采用的版本为 Bootstrap v4.6。

1. 方式一：使用 cdn 引入（推荐）

cdn 方式中，Bootstrap 这些集成包可以到 bootcss 官网查找，不需要自己写。

需要注意的是引入顺序，首先是 jQuery，然后是 Popper，最后是 Bootstrap 的 JavaScript 插件。

 注意

> Bootstrap v5 不再依赖 jQuery，Bootstrap 2 到 4 版本需要依赖 jQuery。

示例代码如下：

```
<!-- Bootstrap4 核心 CSS 文件，粘贴到网页 <head> 中，并放在其他 CSS 文件之前 -->
<link rel="stylesheet" href="https://cdn.jsdelivr.net/npm/bootstrap@4.6.0/
dist/css/bootstrap.min.css">

<!-- Bootstrap4 js 文件，粘贴到网页 </body> 之前，方式有以下两种，任选其一 -->

<!-- 选项 1: jQuery、Popper 和 Bootstrap 的 Java Script 插件各自独立 -->
<script src="https://cdn.jsdelivr.net/npm/jquery@3.5.1/dist/jquery. slim.min.
js"></script>
<!-- popper.min.js 用于弹窗、提示、下拉菜单 -->
<script src="https://cdn.jsdelivr.net/npm/popper.js@1.16.1/dist/umd/ popper.
```

```
min.js"></script>
        <!-- Bootstrap4 核心 JavaScript 文件 -->
        <script src="https://cdn.jsdelivr.net/npm/bootstrap@4.6.0/dist/js/bootstrap.
min.js"></script>

        <!-- 选项 2：jQuery 和 Bootstrap 集成包（集成 Popper） -->
        <script src="https://cdn.jsdelivr.net/npm/jquery@3.5.1/dist/jquery.slim.min.
js"></script>
        <script src="https://cdn.jsdelivr.net/npm/bootstrap@4.6.0/dist/js/bootstrap.
bundle.min.js"></script>
```

2. 方式二：下载到本地

在 bootcss 官网下载 Bootstrap 4.6 资源库到本地计算机中。下载页面如下图所示：

经过编译的 CSS 和 JS

下载 **Bootstrap v4.6.0** 版本经过编译并立即可用的文件，以便直接用于你的项目。下载的文件包括：

- 编译并压缩过的 CSS 集成包（参见 CSS 文件比较）
- 编译并压缩过的 JavaScript 插件（参见 JS 文件比较）

不包括文档、源文件或任何可选的 JavaScript 依赖项（jQuery 和 Popper）。

[下载 Bootstrap 生产文件]

下载完成后需要先解压，然后在自己的页面中引入解压后的 bootstrap 集成包，方式如下图所示，href 和 src 后面的地址都是与页面相对的 bootstrap 集成包地址。其中，bootstrap.bundle.js 集成了 bootstrap.js 和 popper.js；bootstrap.min.css 是 bootstrap.css 通过工具压缩得到的，可以使相同的代码所占空间更小；bootstrap.min.js 和 bootstrap.bundle.min.js 同理。

下载的文件不包含 jQuery，所以需要使用 cdn 引入或者在 jQuery 官网下载。

下面展示通过 cdn 方式引入的标准 Bootstrap 页面代码：

```
<!doctype html>
<html lang="zh-CN">
  <head>
    <!-- 必需的 meta 标签，设置编码为 utf-8 和支持响应式布局 -->
    <meta charset="utf-8">
    <meta   name="viewport"   content="width=device-width,   initial-scale=1,
shrink-to-fit=no">

    <!-- Bootstrap 的 CSS 文件 -->
    <link  rel="stylesheet"  href="https://cdn.jsdelivr.net/npm/bootstrap@4.
```

```
6.0/dist/css/bootstrap.min.css">
        <title>标准 Bootstrap 页面</title>
    </head>
    <body>

        <div class="container">
          <h1 class="text-info">欢迎使用 Bootstrap!</h1>
        </div>

        <!-- jQuery 和 Bootstrap 集成包（集成 Popper） -->
        <script src="https://cdn.jsdelivr.net/npm/jquery@3.5.1/dist/jquery.slim.
min.js"></script>
        <script src="https://cdn.jsdelivr.net/npm/bootstrap@4.6.0/dist/js/bootstrap.
bundle.min.js" ></script>
    </body>
    </html>
```

4.2.3 如何运用 Bootstrap 进行自适应？

Bootstrap 提供了响应式栅格系统，系统使用一系列容器的行、列来布局，每行 12 列，可以根据需要定义列数来控制每个模块的宽度。如下图所示：

1	1	1	1	1	1	1	1	1	1	1	1
4				4				4			
4				8							
6						6					
12											

1. Container 容器

Bootstrap 需要一个容器元素来包裹网站的内容，container 宽度规范有以下三种：

- container：居中，适配不同的断点的 max-width 尺寸。
- container-fluid：全屏，所有断点规格皆是 width 为 100%。
- container-{断点规格}：在指定规格断点及以上是 width 为 100%。具体如下表所示：

	超小屏幕 <576px	小屏幕 ≥576px	中等屏幕 ≥768px	大屏幕 ≥992px	超大屏幕 ≥1200px
.container	100%	540px	720px	960px	1140px
.container-sm	100%	540px	720px	960px	1140px
.container-md	100%	100%	720px	960px	1140px
.container-lg	100%	100%	100%	960px	1140px
.container-xl	100%	100%	100%	100%	1140px
.container-fluid	100%	100%	100%	100%	100%

由于设置的 container 不一样，所以在不同屏幕下所占的大小呈现效果不一样。

例如，container-sm 在屏幕小于 576px 时占整个屏幕的 100%，其他屏幕下并未充满整个屏幕，代码如下：

```
<div class="container  bg-info mb-2">百分之百的宽度直至超小断点</div>
<div class="container-fluid  bg-info mb-2">百分之百的宽度在任何断点处</div>
<div class="container-sm  bg-info mb-2">百分之百的宽度直至小断点</div>
<div class="container-md  bg-info mb-2">百分之百的宽度直至中等断点</div>
<div class="container-lg  bg-info mb-2">百分之百的宽度直至大断点</div>
<div class="container-xl  bg-info mb-2">百分之百的宽度直至超大断点</div>
```

2. 工作原理

① 栅格系统提供了内容居中、水平填充网页内容的方法，使用.container 适用网页宽度，或使用.container-fluid 使网页能够以 100%宽度呈现在所有的浏览器窗口或设备尺寸上。

② 每行(.row)都有 12 列(.col-*)，每列都有水平的 padding 值。

③ 列.col-*后面有不同的数字，如.col-8 或.col-12，后面的数字表明定义空间想要占用列的数量，若不写数字则会均匀分配行，若数字超出 12 个则会溢出到下一行。

④ .row 上带有 margin-left: -15px;margin-right: -15px; 属性，可以在.row 上定义.no-gutters，以消除边距，使页面不会额外宽出 30px，即<div class="row no-gutters">。

⑤ Bootstrap v4.6 共有 5 个栅格等级，每个响应式分界点隔出一个等级：超小.col、小.col-sm-*、中.col-md-*、大.col-lg-*、超大.col-xl-*。

⑥ 网格断点基于最小宽度的媒体查询，代表适用于该断点及其上方的所有断点，例如，.col-sm-4 适用于 sm\md\lg\xl 断点下设备，但不适用于第一个超小断点。

示例代码如下：

```
<div class="row mb-3 no-gutters">
    <div class="col bg-success">.col-4</div>
    <div class="col bg-info">.col-4</div>
    <div class="col bg-warning">.col-4</div>
</div>
<!--每个 col 占一行的三分之一，当 col 不设置数字时系统会平均分配--!>
```

3. 网格应用

① 当每行 col 的数量超过列的数量时，超过的模块将在下一行，如下图所示：

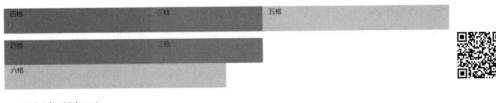

示例代码如下：

```
<div class="container-fluid" >
    <div class="row mb-3" style="height: 60px">
        <div class="col-4 bg-success h-100">四格</div>
        <div class="col-3 bg-info h-100">三格</div>
        <div class="col-5 bg-warning h-100">五格</div>
    </div>

    <div class="row mt-3" style="height: 60px">
        <div class="col-4 bg-success h-100">四格</div>
        <div class="col-3 bg-info h-100">三格</div>
        <div class="col-6 bg-warning h-100">六格</div>
    </div>
```

```
        </div>
```

② 可以使用.offset 实现列偏移, 如下图所示:

示例代码如下:

```
<div class="row">
    <div class="col-md-4 bg-success">占四格</div>
    <div class="col-md-4 offset-md-4 bg-info">占四格, 列偏移 4 个</div>
    <div class="col-md-4 bg-warning">占四格</div>
</div>
```

③ 可以实现列嵌套。

内置的栅格系统将内容再次嵌套, 例如, 可以通过添加一个新的 .row 元素和一系列 .col-sm- *元素到已经存在的 .col-sm-*元素内, 如下图所示:

示例代码如下:

```
<div class="row">
    <div class="col-sm-9 bg-success">
        第一层: 占 9 格
        <div class="row">
            <div class="col-8 bg-warning ">
                第二层: 占八格
            </div>
            <div class="col-4 alert-warning">
                第二层: 占四格
            </div>
        </div>
    </div>
    <div class="col-sm-3 bg-info">
        第一层: 占 3 格
    </div>
</div>
```

④ 混合布局, 即运用不同栅格等级, 在不同屏幕尺寸下呈现不同效果, 如下图所示:

示例代码如下:

```
<div class="row">
        <div class="col-6 col-md-4 border border-success">在超小屏幕下占 6 格, 中
等屏幕占 4 格</div>
        <div class="col-6 col-md-4 border border-success">在超小屏幕下占 6 格, 中
等屏幕占 4 格</div>
        <div class="col-6 col-md-4 border border-success">在超小屏幕下占 6 格, 中
等屏幕占 4 格</div>
    </div>
```

注意事项如下。

- 混合布局中, 栅格等级先满足对应屏幕尺寸大小。

例如，class="col-6 col-lg-4"，在大屏幕和超大屏幕下是占 4 格而不是占 6 格，在超小、小、中等屏幕下是占 6 格而不是占 4 格。

- 网格断点基于最小宽度的媒体查询，代表适用于该断点及其上方的所有断点。

例如，.col-sm-6 适用于 sm\md\lg\xl 断点下设备，但不适用于第一个超小断点。

4.2.4 如何使用 Bootstrap 的组件？

1. 按钮组件

Bootstrap 提供了不同样式的按钮，这些按钮支持一系列颜色、尺寸、状态等设置。如下图所示：

这些不同按钮可通过设置不同 class 来定义，例如：

```
<button type="button" class="btn">基本按钮</button>
<button type="button" class="btn btn-primary">主要按钮</button>
<button type="button" class="btn btn-secondary">次要按钮</button>
<button type="button" class="btn btn-success">成功按钮</button>
<button type="button" class="btn btn-info">信息按钮</button>
<button type="button" class="btn btn-warning">警告按钮</button>
<button type="button" class="btn btn-danger">危险按钮</button>
<button type="button" class="btn btn-dark">黑色按钮</button>
<button type="button" class="btn btn-light">浅色按钮</button>
<button type="button" class="btn btn-link">链接按钮</button>
```

按钮类.btn 不仅可以用于 <button>，还可用于 <a>和<input> 标签上，例如：

```
<a class="btn btn-primary" href="#" role="button">a 标签</a>
<button class="btn btn-primary" type="submit">Button 标签</button>
<input class="btn btn-primary" type="button" value="Input 标签">
```

当需要一个按钮，但是不需要自带的背景颜色，可以使用.btn-outline 类来实现。如下图所示：

示例代码如下：

```
<div class="row mt-5">
    <button type="button" class="btn btn-outline-primary">主要按钮</button>
    <button type="button" class="btn btn-outline-secondary">次要按钮</button>
    <button type="button" class="btn btn-outline-success">成功</button>
    <button type="button" class="btn btn-outline-info">信息</button>
    <button type="button" class="btn btn-outline-warning">警告</button>
    <button type="button" class="btn btn-outline-danger">危险</button>
    <button type="button" class="btn btn-outline-dark">黑色</button>
    <button type="button" class="btn btn-outline-light text-dark">浅色
</button>
    </div>
```

当网页需要尺寸不同的按钮时，.btn-lg 类可以设置大号按钮，.btn-sm 类可以设置小号按钮。

除此之外，按钮可以设置激活或者禁用的状态，.active 类可以设置按钮状态是激活的，.disabled 属性可以设置按钮状态是禁用的。<a>标签不支持 disable 属性，可以通过添加 .disabled 类来禁止链接的单击。如下图所示：

按钮状态和大小

大号按钮　默认按钮　小号按钮　主要按钮　点击后的按钮　禁止点击的按钮　禁止点击的链接

示例代码如下：

```
<div class="container mt-5 ml-4">
    <h3>按钮状态和大小</h3>
    <button type="button" class="btn btn-primary btn-lg">大号按钮</button>
<button type="button" class="btn btn-primary">默认按钮</button>
    <button type="button" class="btn btn-primary btn-sm">小号按钮</button>
    <button type="button" class="btn btn-primary">主要按钮</button>
    <button type="button" class="btn btn-primary active">单击后的按钮</button>
    <button type="button" class="btn btn-primary" disabled>禁止单击的按钮
</button>
    <a href="#" class="btn btn-primary disabled">禁止单击的链接</a>
</div>
```

2. 下拉菜单组件

下拉菜单用于切换内容或链接列表，依赖于 popper.min.js，因此需要在引入 bootstrap.js 前引入 popper.min.js 或者直接使用集成包 bootstrap.bundle.js。

主要类名如下表所示：

类名	说明	类名	说明
dropdown	下拉菜单类	dropdown-header	菜单标题类
dropdown-menu	菜单项目类	dropdown-divider	菜单分割线
dropdown-item	菜单子项类		

创建步骤如下。

- 创建一个类名为.dropdown 的<div>标签，作为下拉菜单类。
- 使用一个按钮或链接打开下拉菜单，按钮或链接需要添加类.dropdown-toggle 和 data-toggle="dropdown" 属性。
- 添加.dropdown-menu 类来设置下拉菜单项目，在下拉菜单的选项中添加.dropdown-item 类作为下拉菜单子项；.dropdown-header 和.dropdown-divider 类可以根据需要添加；.active 和.disabled 用于设置下拉列表状态是激活或禁用。

下拉菜单如下图所示：

示例代码如下：

```
<div class="dropdown">
    <button      class="btn      btn-danger      dropdown-toggle"      type="button"
data-toggle="dropdown">                下拉按钮              </button>
    <div class="dropdown-menu">
        <div class="dropdown-header">下拉标题</div>
        <div class="dropdown-divider"></div>
        <a class="dropdown-item" href="#">链接 1</a>
        <a class="dropdown-item" href="#">链接 2</a>
        <a class="dropdown-item" href="#">链接 2</a>
    </div>
</div>
```

3．卡片组件

卡片是一个灵活的、可扩展的内容窗口。它包含可选卡片头部、卡片底部和一个介绍内容的卡片主体，可以支持多种多样的内容，包括图片、文本、列表、链接等。

主要类名如下表所示：

类名	说明	类名	说明
Card	卡片类	card-body	卡片主体类
card-img-top	定义图片在卡片顶部	card-footer	卡片底部类
card-header	卡片头部类		

创建步骤如下。

- 创建一个类名为.card 的<div>标签，对该<div>标签可以添加 bg-* 进行卡片颜色设置，或者添加 bordcr-* 进行卡片边框设置，或者添加 tcxt-* 设置卡片文字颜色，根据需要设置卡片的宽度，否则将占父元素的 100%。
- 卡片包含三个部分的<div>标签，分别是头部样式.card-header、内容样式.card-body、底部样式.card-food，可以根据需要选择是否要头部和底部。
- 在类 card-body 的主体<div>标签中，bootstrap 提供了标题样式类 card-title、文本样式类 card-text、连接样式类 card-link，可以根据需要使用。

示例代码如下：

```
<div class="card bg-light border-dark text-info" style="width: 18rem;">
    <div class="card-header">头部</div>
    <div class="card-body">
        <h4 class="card-title">卡片标题</h4>
        <p class="card-text">基于卡片的示例文本，对卡片进行概述。</p>
        <a href="#" class="card-link">卡片链接</a>
        <a href="#" class="card-link">卡片链接</a>
    </div>
    <div class="card-footer">底部</div>
</div>
```

卡片中可以搭配图片，即添加<img>标签且其类名可以是 .card-img--top（图片在文字上方）或.card-img-bottom（图片在文字下方），如下图所示：

示例代码如下：

```
<div class="card" style="width: 18rem;">
    <img class="card-img-top" src="./img/pic1.png" alt="Card image cap">
    <div class="card-body">
        <h5 class="card-title">卡片标题</h5>
        <p class="card-text">基于卡片的示例文本，对卡片进行概述。</p>
        <a href="#" class="btn btn-sm btn-info">了解详情</a>
    </div>
</div>
```

4．导航组件

（1）导航

Bootstrap 提供了用于定义导航的一些选项，可以改变修饰的 class 在不同样式间进行切换。主要类名如下表所示：

类名	说明	类名	说明	类名	说明
Nav	导航类	Nav-item	导航子类	Nav-link	导航链接

创建步骤如下。

● 创建一个带类名为.nav 的无序列表<ul></ul>。

可以设置导航样式是标签式.nav-tabs 或胶囊式.nav-pills，如下图所示：

可以设置导航是垂直导航.flex-column 或水平.flex-row，如下图所示：

可以设置导航的对齐方式，包括：.justify-content-start 左对齐,默认方式；.justify-content-center 居中；.justify-content-end 右对齐。

若设置填充方式为.nav-fill，会将.nav-item 按照比例分配空间，但这会占用所有水平空间，但每个导航项目的宽度都不相同。若设置为.nav-justified，则所有水平空间将被导航链接占用，每个导航项目都具有相同的宽度。如下图所示：

- 每个<li>标签带有类名.nav-item，其中包含单击的链接即带类名.nav-link 的<a>标签，一般会设置一个<a>标签激活状态使用类.active；禁用链接则需添加 .disabled，会创建一个灰色的链接，同时禁用了该链接的 :hover 状态。如下图所示：

示例代码如下：

```
<ul class="nav justify-content-center nav-pills">
  <li class="nav-item">
    <a class="nav-link " href="#">链接一</a>
  </li>
  <li class="nav-item">
    <a class="nav-link active" href="#">链接二</a>
  </li>
  <li class="nav item">
    <a class="nav-link" href="#">链接三</a>
  </li>
  <li class="nav-item">
    <a class="nav-link disabled" href="#">链接四</a>
  </li>
</ul>
```

（2）导航栏

在 Bootstrap 导航栏的核心中，导航栏包括站点名称和基本的导航定义样式，一般放在页面顶部。

主要类名如下表所示：

类名	说明	类名	说明	类名	说明
Navbar	导航栏类	nav-item	导航子类	collapse navbar-collapse	导航栏折叠类
navbar-nav	导航栏项目类	nav-link	导航链接类	navbar-brand	导航栏商标类

创建步骤如下。

- 向 <nav> 标签添加类名.navbar，后面可以添加.navbar-expand-xl|lg|md|sm 类来创建响应式的导航栏（大屏幕水平铺开，小屏幕垂直堆叠），该效果需要一个类名为.navbar-toggler 的折叠按钮且使用 data-toggle="collapse"用于折叠行为，同时 data-target="#id"指向折叠的导航。需要折叠的部分需要使用类.collapse 和.navbar-collapse 并定义一个唯一 id。如下图所示：

- 导航栏上的选项可以使用<ul>标签并添加.navbar-nav 类。在<li>标签上添加.nav-item 类，在<a>标签上使用.nav-link 类。

示例代码如下：

```
<nav class="navbar navbar-expand-md navbar-light bg-light">
    <a class="navbar-brand" href="#">
        <img src="./img/log.png" width="30" height="30" />
        Bootstrap
    </a>
    <!-- 折叠按钮 -->
    <button class="navbar-toggler" type="button" data-toggle="collapse"
data-target="#collapsibleDiv">
        <span class="navbar-toggler-icon"></span>
    </button>
    <!-- 导航栏链接 -->
    <div class="collapse navbar-collapse justify-content-between"
id="collapsibleDiv">
        <ul class="navbar-nav">
            <li class="nav-item">
                <a class="nav-link active" href="#">链接一</a>
            </li>
            <li class="nav-item">
                <a class="nav-link" href="#">链接二</a>
            </li>
            <li class="nav-item">
                <a class="nav-link disabled" href="#">链接三</a>
            </li>
        </ul>
        <form class="form-inline mt-2 mt-lg-0">
            <input class="form-control mr-sm-2" type="search" placeholder="请输
入关键字">
            <button class="btn btn-outline-success mt-2 mt-sm-0" type="submit">
搜索</button>
        </form>
    </div>
</nav>
```

上面代码中，在导航使用时可以使用.form-inline 放置各种表单控制元件和组件；使用.justify-content-between 设置对齐样式；使用 active 设置导航栏子项目激活，disabled 设置导航栏子项目禁用。

5．轮播组件

轮播是一种循环的幻灯片效果，该组件可以实现文字和图片的循环替换，还包括对下一幅/上一幅图片的浏览控制。

主要类名如下表所示：

类名	说明
.carousel	创建一个轮播组件，需要保证组件的 id 唯一
.carousel-indicators	添加指示器，即轮播图下的小横线，可以显示目前是第几幅
.carousel-inner	添加要切换的图片
.carousel-item	指定每幅图片的内容
.carousel-control-prev	添加左侧的按钮则单击会返回上一幅，常与.carousel-control-prev-icon 一起使用
.carousel-control-next	添加右侧按钮则单击会切换到下一幅，常与.carousel-control-next-icon 一起使用
.carousel-fade	轮播使用淡入淡出效果进行过渡

创建步骤如下。

- 创建一个类名带有.carousel 的<div>标签作为轮播的容器，可以选择.slide 或.carousel-fade 切换效果，添加 data-ride="carousel"用于将轮播标记为从页面加载开始的动画。
- 轮播的主要内容在含.carousel-inner 类的<div>标签中，用.carousel-item 类<div>标签播放轮播子项目，其中必须要设置一个轮播子项目状态为激活状态即.active;，可以在.carousel-item 中使用 .carousel-caption 添加字幕到轮播子项中。
- 若轮播需要控制器效果，可以使用.carousel-control-prev 和.carousel-control-next 实现上一幅和下一幅图片的切换控制；若轮播需要姿势指示器，可以创建类名为.carousel-indicators 的<ul>标签，其中每个<li>标签的 data-target="#id"都指向步骤 1 中<div>标签的 id。

运行效果如下图所示：

示例代码如下：

```
    <div class="container mt-5">
        <div id="carouselDemo" class="carousel slide" data-ride="carousel">
```

```
        <!-- 指示符 -->
        <ul class="carousel-indicators">
            <li data-target="#carouselDemo" data-slide-to="0" class="active"></li>
            <li data-target="#carouselDemo" data-slide-to="1"></li>
            <li data-target="#carouselDemo" data-slide-to="2"></li>
        </ul>
        <!-- 轮播图片 -->
        <div class="carousel-inner">
            <div class="carousel-item active" data-interval="3000">
                <img src="img/pic1.png" width="100%" height="400">
                <div class="carousel-caption d-none d-md-block">
                    <h5>First slide label</h5>
                    <p>The first slide of the carousel.</p>
                </div>
            </div>
            <div class="carousel-item" data-interval="3000">
                <img src="img/pic2.jpg" width="100%" height="400">
                <div class="carousel-caption d-none d-md-block">
                    <h5>Second slide label</h5>
                    <p>The second slide of the carousel.</p>
                </div>
            </div>
            <div class="carousel-item" data-interval="3000">
                <img src="img/pic3.png" width="100%" height="400">
                <div class="carousel-caption d-none d-md-block">
                    <h5>Three slide label</h5>
                    <p>The three slide of the carousel.</p>
                </div>
            </div>
        </div>
        <!-- 左右切换按钮 -->
        <a class="carousel-control-prev" href="#carouselDemo" data-slide="prev">
            <span class="carousel-control-prev-icon"></span>
        </a>
        <a class="carousel-control-next" href="#carouselDemo" data-slide="next">
            <span class="carousel-control-next-icon"></span>
        </a>
    </div>
</div>
```

补充说明：

① 在使用轮播图组件时需要定义有效的初试状态元素，在其中一个轮播图中添加.active 类（一般选择第一个），否则会出现轮播图异常。

② 轮播图的 id 必须唯一，指示符和左右切换按钮必须与轮播图 id 绑定，否则不起作用。

③ 加上 data-interval=""，可以控制自动循环到下一幅图片的延迟时间。

④ Bootstrap 提供以下方法可以通过 JavaScript 控制轮播：$('.carousel').carousel( )。

.carousel("cycle")：从左向右循环播放。

.carousel("pause")：停止循环播放。

.carousel("number")：循环到指定的帧，下标从 0 开始，类似数组。

.carousel("prev")：返回到上一帧。

.carousel("next")：下一帧。

实现轮播图暂停示例代码如下：

```
<input type="button" class="btn btn-success pause-slide" value="暂停">
  <script>
  // 停止轮播
$(".pause-slide").click(function(){   $("#carouselDemo").carousel('pause');
  });
</script>
```

轮播控制事件如下表所示：

事件	描述
slide.bs.carousel	当调用 slide 实例方法时，立即触发该事件
slid.bs.carousel	当轮播完成幻灯片过渡效果时，触发该事件

示例代码如下：

```
$('#carouselDemo').on('slide.bs.carousel', function (e) { console.log('切换');})
$('#carouselDemo').on(' slid.bs.carousel', function (e) { console.log('切换后');})
```

6. 表单组件

Bootstrap 的表单控件自定义了许多 class 类，可以确保不同浏览器下的输入框的样式、布局一致，方便用来创建多元化的表单自定义组件。

主要类名如下表所示：

类名	说明
form-group	表单组类名
col-form-label	表单 lable 样式类
form-control,form-control-lg,form-control-sm	表单控制类名

创建步骤如下。

- 创建一个表单<form></form>。
- 把每组标签和控件放在一个带有类名.form-group 的<div>标签中。
- 向所有的文本标签<input>、<textarea> 和 <select> 中添加类名.form-control。
- 每组<lable>标签的 for 和控件的 id 要一一对应，可以添加.col-form-label 以便垂直居中于与它相关的表单控件。

补充说明：

① .from-group 定义每个输入组的外边距。

② .form-control 是对文本控件的统一样式，包括常规外观、focus 选（点）中状态、尺寸大小等。

表单示例代码如下图所示：

定义一个邮箱和密码的表单，效果如下图所示：

邮箱

请输入邮箱

我们绝不会与任何其他人分享您的电子邮件。

密码

请输入密码

☐ 同意服务条款和隐私政策

提交

示例代码如下：

```
    <div class="container">
        <form>
            <div class="form-group">
                <label for="InputEmail1">邮箱</label>
                <input type="email" required class="form-control" id="InputEmail1"
aria-describedby="emailHelp" placeholder="请输入邮箱">
                <small id="emailHelp" class="form-text text-muted">我们绝不会与任何
其他人分享您的电子邮件。</small>
            </div>
            <div class="form-group">
                <label for="InputPassword1">密码</label>
                <input     type="password"     required     class="form-control"
id="InputPassword1" placeholder="请输入密码">
            </div>
            <div class="form-check">
                <input type="checkbox" class="form-check-input" id="Check1">
                <label class="form-check-label" for="Check1">同意服务条款和隐私政策
</label>
            </div>
            <button type="submit" class="btn btn-info">提交</button>
        </form>
    </div>
```

7. 布局

表单默认都是基于垂直堆叠排列的，可以使用其他 class 类来改变表单的布局。

【示例1】利用栅格进行表格排列

效果如下图所示：

姓氏

请输入姓氏

名称

请输入名称

地址

请输入居住地址

示例代码如下：

```
    <form>
        <div class="row">
            <div class="form-group col-md-6">
                <label for="inputFirst">姓氏</label>
```

```
            <input type="text" class="form-control" id="inputFirst" placeholder=
"请输入姓氏">
        </div>
        <div class="form-group col-md-6">
            <label for="inputLast">名称</label>
            <input type="text" class="form-control" id="inputLast" placeholder="
请输入名称">
        </div>
    </div>
    <div class="form-group">
        <label for="inputAddress">地址</label>
        <input type="text" class="form-control" id="inputAddress" placeholder="
请输入居住地址">
    </div>
</form>
```

【示例 2】垂直排列表单

效果如下图所示：

示例代码如下：

```
<form>
    <div class="form-group row">
        <label    for="exampleInputEmail1"    class="col-2    col-form-label
col-form-label-sm" >邮箱</label>
        <div class="col-10">
            <input   type="email"   class="form-control   form-control-sm"
id="exampleInputEmail1" aria-describedby="emailHelp" placeholder="请输入邮箱">
        </div>
    </div>
    <div class="form-group row">
        <label   for="exampleInputPassword1"   class="col-2   col-form-label
col-form-label-sm">密码</label>
        <div class="col-10">
            <input   type="password"   class="form-control   form-control-sm"
id="exampleInputPassword1" placeholder="请输入密码">
        </div>
    </div>
    <div class="form-group row">
        <div class="col-12">
            <button type="submit" class="btn btn-success w-100">登录</button>
        </div>
    </div>
</form>
```

补充说明：Bootstrap 定义表单尺寸的大小，使用.col-form-label-sm、.col-form-label-lg 在 <label>标签中可以定义大小。还有 .form-control-lg 和.form-control-sm 样式也对输入框定义了大小，若不写则默认大小，即在 sm 和 lg 之间。

【示例3】自动调整大小

使用 flexbox 弹性布局垂直居中的内容，将.col 改为.col-auto，这样的列只占用本身内容所需要的宽度，即列的大小就是内容的大小（宽度）。

不同屏幕下的布局不一样，效果如下图所示：

示例代码如下：

```
<form>
    <div class="form-row align-items-center">
        <div class="col-auto mb-3">
            <label class="sr-only" for="InputName">姓名</label>
            <input type="text" class="form-control" id="InputName" placeholder="
请输入姓名">
        </div>
        <div class="col-auto mb-3">
            <label class="sr-only" for="InputEmail">邮箱</label>
            <div class="input-group ">
                <div class="input-group-prepend">
                    <div class="input-group-text">@</div>
                </div>
                <input    type="text"    class="form-control"    id="InputEmail"
placeholder="邮箱">
            </div>
        </div>
        <div class="col-auto mb-3">
            <div class="form-check">
                <input class="form-check-input" type="checkbox" id="autoCheck">
                <label         class="form-check-label"         for="autoCheck">
Remember me          </label>
            </div>
        </div>
        <div class="col-auto mb-3">
            <button type="submit" class="btn btn-primary">提交</button>
        </div>
    </div>
</form>
```

8．模态框组件

模态框可以为网站添加醒目的提示和交互，用于通知用户、访客交互、消息警示或自定义内容交互。

模态框位于文档其他元素之上，并从 body 中删除了滚动事件，拥有模态框自身的滚动。单击模态框的灰色阴影部分则自动关闭模态框。Bootstrap 每次只支持一个模态窗口，不直接支持模态框嵌套。

主要类名如下表所示:

类名	说明	类名	说明	类名	说明
modal	模态类	modal-content	模态内容类	modal-body	模态主体类
modal-dialog	模态框类	modal-header	模态头部类	modal-footer	模态底部类

创建步骤如下。

- 定义一个按钮或链接,单击则能打开模态框,需要添加 data-toggle="modal"打开模态窗口,添加 data-target="#id"绑定模态框。
- 创建模态容器 div,类名为.modal,同时定义一个唯一 id,方便控制元素调用。
- 创建类为.modal-dialog 的\<div\>\</div\>,可以使用 modal-xl、modal-lg、modal-sm 控制模态框的大小;类 modal-dialog-centered 可以使模态框以垂直居中模式,不写则默认在顶部。
- 定义模态的内容.modal-content 的\<div\>\</div\>,其中包含模态框头部 modal-header、模态框主体 modal-body、模态框底部 modal-footer;一般在头部定义一个关闭按钮,data-dismiss="modal"用于关闭模态窗口,class="close"用于为模态窗口的关闭按钮设置样式。

效果如下图所示:

示例代码如下:

```
<!-- 按钮:用于打开模态框 -->
<button   type="button"   class="btn   btn-primary"   data-toggle="modal"
data-target="#modalDemo">      打开模态框   </button>
<!-- 模态框 -->
<div class="modal fade" id="modalDemo">
    <div class="modal-dialog modal-dialog-centered">
        <div class="modal-content">
            <!-- 模态框头部 -->
            <div class="modal-header">
                <h4 class="modal-title">模态框头部</h4>
                <button type="button" class="close" data-dismiss="modal">&times;
</button>
            </div>
            <!-- 模态框主体 -->
            <div class="modal-body">
                模态框内容
            </div>
            <!-- 模态框底部 -->
            <div class="modal-footer">
                <button type="button" class="btn btn-secondary" data-dismiss=
"modal">关闭</button>
```

```
                  <button type="button" class="btn btn-primary">保存</button>
              </div>
          </div>
      </div>
  </div>
```

Bootstrap 中模态框支持的方法如下表所示：

方法	描述	代码
.modal(options)	激活内容作为模态，将选项加入 object 内	$('#modalDemo').modal({ keyboard: false })
.modal('toggle')	手动切换动态模态框	$('#modalDemo').modal('toggle')
.modal('show')	手动打开动态模态框	$('#modalDemo').modal('show')
.modal('hide')	手动隐藏动态模态框	$('#modalDemo').modal('hide')
.modal('dispose')	销毁一个元素的 modal	$('#modalDemo').modal('dispose')

4.2.5 如何使用 Bootstrap 工具类？

Bootstrap 提供了一些公共的样式，如边框样式、flex 布局、文本格式等一系列标准样式，可以根据需要直接使用类名。下面介绍几种常用的工具类。

1．颜色

Bootstrap 定义的颜色有 primary、secondary、success、danger、warning、info、light、dark 和 white，如下图所示：

规定字体颜色的类名为 text-颜色，例如，text-success 为绿色字体。
规定背景颜色的类名为 bg-颜色，例如，bg-danger 为红色背景。
规定边框颜色的类名为 border-颜色，例如，border-warning 为黄色边框。
规定按钮颜色的类名为 btn-颜色，例如，btn-primary 为蓝色按钮。

2．边框

使用 Bootstrap 边框通用定义类可以快速设置元素的各种边框样式，适用于按钮、图片等各种元素。边框的类如下表所示：

类	描述
添加边框	border 全边框，border-top 上边框，border-right 右边框，border-bottom 下边框，border-left 左边框
删除或显示特定边框	border-0 无边框，border-top-0 无上边框，border-right-0 无右边框，border-bottom-0 无下边框，border-left-0 无左边框
边框颜色	border-primary、border-secondary、border-success、border-danger、border-warning、border-info、border-light、border-dark、border-white
圆角边框	rounded、rounded-top、rounded-circle、rounded-pill、rounded-0
边框弧度	rounded-sm、rounded-lg

效果如下图所示：

示例代码如下：

```
<lable class="border border-primary rounded"></lable>
<lable class="border border-secondary rounded-pill"></lable>
<lable class="border border-success rounded-circle"></lable>
<lable class="border border-danger rounded-0"></lable>
<lable class="border border-warning rounded-sm"></lable>
<lable class="border border-info rounded-lg"></lable>
<lable class="border border-light border-top-0"></lable>
<lable class="border border-dark border-bottom"></lable>
<lable class="border border-white"></lable>
```

3．flex 布局

使用 flex 布局，可以快速管理网格列、导航、组件等的对齐方式，如下表所示：

水平方向	竖直方向
左对齐：justify-content-start	上对齐：align-items-start
右对齐：justify-content-end	下对齐：align-items-end
水平居中：justify-content-center	竖直居中：align-items-center
水平均匀排列，首元素放在起点，末元素放在终点：justify-content-between	竖直基线上：align-items-baseline
水平均匀排列，每个元素间隔相同：justify-content-around	竖直拉伸：align-items-stretch

效果如下图所示：

示例代码如下：

```
    <div  class="d-flex  justify-content-between  text-white  bg-light  my-2"
style="height: 50px;">
    <div class="bg-info p-3">flex 布局</div>
    <div class="bg-info p-3">flex 布局</div>
    <div class="bg-info p-3">flex 布局</div>
</div>
```

4．文本

定义了文本对齐、粗细、换行处理等公共样式，如下表所示：

样式	描述
文本对齐	text-left 文本左对齐；text-center 文本居中；text-right 右对齐；text-md-right 在 md 及以上是右对齐，以下是左对齐
换行处理	text-wrap 换行，text-nowrap 不换行，text-truncate 超出部分用省略号代替文本
英文大小写	text-lowercase 英文转为小写，text-uppercase 英文转为大写，text-capitalize 每个词第一个字母大写
文字粗细	font-weight-bold 粗体，font-weight-normal 正常，font-weight-light 细体
斜体	font-italic
等宽	text-monospace
去除文字装饰	text-decoration-none

效果如下图所示：

示例代码如下：

```
<div class="text-nowrap bg-info" style="width: 100px;">
    文本包裹和溢出（换行）处理
</div>
<div class="text-wrap bg-warning" style="width: 100px;">
    文本包裹和溢出（换行）处理
</div>
<div class="text-truncate bg-success" style="width: 100px;">
    文本包裹和溢出（换行）处理
</div>
```

5. 尺寸

使用系统宽度和高度样式，可以轻松地定义任何元素的宽度或高度，如下表所示：

类别	描述
宽度	相对父级：w-25、w-50、w-75、w-100、w-auto；相对窗口：vw-25、vw-50、vw-75、vw-100
高度	相对父级：h-25、h-50、h-75、h-100、h-auto；相对窗口：vh-25、vh-50、vh-75、vh-100

效果如下图所示：

Width 25%

Width 50%

Width 75%

Width 100%

Width auto

示例代码如下：

```
<div class="w-25 p-3 bg-light" >Width 25%</div>
<div class="w-50 p-3 bg-light">Width 50%</div>
<div class="w-75 p-3 bg-light" >Width 75%</div>
<div class="w-100 p-3 bg-light">Width 100%</div>
<div class="w-auto p-3 bg-light">Width auto</div>
```

6. 间隔

提供了 xs 到 xl 的各种外边距和内边距的填充，距离单位采用了 0.25rem 到 3rem，定义了各种快速缩进、填充、隔离等间隔处理工具，来修改元素外观。其中，m 代表 margin 值；p 代表 padding 值。具体如下表所示：

边缘设定	尺寸设定	边缘设定	尺寸设定
t：上方（top）	0：0rem	x：上下	4：1.5rem
b：下方（bottom)	1：0.25rem	y：左右	5：3rem
l：左方（left)	2：0.5rem	空白：上下左右	auto：设定 margin 值
r：右方（right)	3：1rem		

效果如下图所示：

示例代码如下：

```html
<div class="row">
    <div class="col border p-0">
        <div class="p-3 bg-warning">内边距</div>
    </div>
    <div class="col border p-0">
        <div class="px-5 bg-warning">左右内边距</div>
    </div>
    <div class="col border p-0">
        <div class="m-3 bg-warning">外边距</div>
    </div>
    <div class="col border p-0">
        <div class="my-3 bg-warning">上下外边距</div>
    </div>
</div>
```

4.3 React 框架

React 是用来构建用户界面的 JavaScript 库，由 Facebook 开发，是开源的。

4.3.1 为什么要使用 React？

（1）原生 JavaScript 通过操作 DOM 来渲染页面，DOM 操作效率低

直接对 DOM 对象进行操作，例如，在 DOM 树中创建新节点、替换节点或删除节点等，将引起浏览器的 reflow 操作；改变元素的颜色、字体大小等，将引起浏览器的 repaint 操作。这些操作都会增加耗时，降低浏览器渲染的性能。

① reflow（回流）：当浏览器上某个元素的布局发生了变化，浏览器将重新从根部开始计算该节点的布局。例如，向页面中添加、删除元素等，影响了页面上元素的位置或大小变化等操作，将引起浏览器的回流操作。

② repaint（重绘）：页面元素的颜色、字体等不影响布局的属性发生变化时，浏览器会进行重绘操作。

另外，当用原生 JavaScript 操作 DOM 时，都是通过下面的方式来获取元素，从编码的

角度来说这样的写法很烦琐。而且这样的写法，代码执行的效率很低。

```
document.getElementById("id 名");
document.getElementByClassName("类名");
document.getElementsByName("name 的属性值");
document.querySelector("选择器");
document.querySelectorAll("选择器");
```

（2）JavaScript 没有组件化编码方案，代码复用率低

React 的特点如下：

- 采用组件化模式、声明式编码，提高开发效率及组件复用率；
- 在 React Native 中可以使用 React 语法进行移动端开发；
- 使用虚拟 DOM 和优秀的 Diffing 算法，尽量减少真实 DOM 的交互。

虚拟 DOM 不是真实的 DOM，它不需要浏览器的 DOM API 支持。虚拟 DOM 在 DOM 的基础上建立一个抽象层，其实质是一个 JavaScript 对象。React 先将页面发生的变化更新到虚拟 DOM，每一次的变化都和上一次虚拟 DOM 的状态进行比较，找到变化的部分，最终 React 将包含所有变化的虚拟 DOM 与真实 DOM 进行比较，找到 DOM 发生变化的部分，一次性应用到 DOM 上，从而提高页面渲染速度与性能。

4.3.2 什么是 JSX 语法？

JSX 是基于 ECMAScript 的一种新特性，是在 JavaScript 的基础上进行的语法扩展。从本质上来说，JSX 就是 JavaScript，JSX 经过编译后都会变成 JavaScript 对象。JSX 是 React 的核心组成部分，它使用 XML 标记的方式去直接声明界面，界面组件之间可以互相嵌套。在 React 项目中，可以不使用 JSX 语法，只使用 JavaScript 语法，但 JSX 可以定义包含属性的树状结构的语法，类似 HTML 标签那样使用，便于代码的阅读，所以推荐在 React 中使用 JSX。

示例代码如下：

```
ReactDOM.render(
    <h1>Hello, world!</h1>,
    document.getElementById('example')
    );
```

在上例中，<h1>Hello, world!</h1>就使用了 JSX 语法。可以看到，在 JavaScript 代码中直接写入 HTML 语句，并且没有任何引号。JSX 语法允许 HTML 与 JavaScript 代码混写。

将上面的代码转化成纯 JavaScript 代码如下。

```
ReactDOM.render(
    React.DOM.h1(null,'hello,world!'),
    document.getElementById('example')
    );
```

JSX 特点如下：

- 类 XML 语法，容易接受；
- 增强 JavaScript 语义；
- 结构清晰；
- 抽象程度高；

- 代码模块化。

JSX 语法格式如下：

```
class HelloMessage extends React.Component{
        render(){
            return <div className="test">
                <h1>Hello ,{props.name}</h1>
                <h2>{1+1}</h2>
            </div>
        }
    }
    ReactDOM.render(
        <HelloMessage name="Tom" />,
        document.getElementById('example')
    );
```

- 元素名：编写的组件本质上是 HTML 元素。类似 HTML 中的标签，可以在 JSX 语法中直接使用。
- 子节点：标签与标签之间可以有嵌套关系，可以拥有很多标签作为它的子节点。JSX 与 HTML 嵌套不同的是 JSX 可以用大括号加入 JavaScript 求值表达式。
- 节点属性：在调用标签时指定属性和属性值，就可以在标签的内部来获取属性。例如，在调用<HelloMessage>标签时，指定 name 属性，并给其赋值，在标签内部可以通过{props.属性名}的方式来获取到属性值。

补充说明：

① 首字母大小写：React 对首字母大小写敏感，自定义组件的首字母必须大写。

② 求值表达式：是 JavaScript 的一个特性，求值表达式本身是一个表达式，会有一个返回值。要区分表达式和语句。大括号里面不能使用语句。

③ 驼峰命名：JSX 的标签名和函数都使用驼峰命名。

④ 两个特殊属性：html 属性和 class 属性是 JavaScript 的保留字和关键字，在 React 中使用 htmlFor 和 className 来替代这两个属性。

4.3.3 如何创建 React 项目？

在开发一个 React 项目前，最关键的是 React 项目的创建，随着前端的工程化，React 项目创建的方式也越来越复杂。下面介绍 2 种创建 React 项目的方式。

1. 采用 cdn 方式引入

```
<script src="https://unpkg.com/react@16/umd/react.development.js"></script>
<script src="https://unpkg.com/react-dom@16/umd/react-dom.development.js">
</script>
```

React 和 React-dom 是 React 框架两个核心的包，第一个 cdn 地址对应的是 React 的核心库，第二个 cdn 地址是提供 React 与 DOM 相关操作的库。如果要在项目中直接使用 React，可以在项目中将这两个包直接引入项目中。如果要在项目中使用 JSX 语法，则必须引入 Babel。Babel 中内嵌了对 JSX 语法的支持，也可以将 ES6 的编码转换成 ES5 编码，这样就可以在不支持 ES6 的浏览器上面运行 React 代码。

```
<script src="https://unpkg.com/babel-standalone@6.15.0/babel.min.js"></script>
```

采用 cdn 引入方式的代码如下：

```
<!DOCTYPE html>
<html lang="en">
<head>
    <meta charset="UTF-8">
    <meta name="viewport" content="width=device-width, initial-scale=1.0">
    <title>采用 cdn 方式引入</title>
    <script src="https://unpkg.com/react@16/umd/react.development.js"></script>
    <script src="https://unpkg.com/react-dom@16/umd/react-dom.development.
js"></script>
    <script src="https://unpkg.com/babel-standalone@6.15.0/babel.min.js"></script>
</head>
<body>
    <div class="mydiv"></div>
    <script type="text/babel">
        class App extends React.Component {
            render() {
                return (
                    <div>
                        <h1>采用 cdn 方式引入</h1>
                    </div>
                )
            }
        }
        ReactDOM.render(<App />,document.getElementById('app'))
    </script>
</body>
</html>
```

效果如下图所示：

采用cdn方式引入

 注意

　　采用这种方式创建的 React 项目，<script>标签内的 type 必须为 text/babel；否则，浏览器不能识别<script>标签内的 JSX 语法。

2. 使用 create-react-app 脚手架

使用 create-react-app 脚手架创建 React 项目，需要先安装 node.js。安装完成后打开命令行窗口，在窗口中输入 node-v，然后回车，如果显示了 node.js 的版本号，则表示 node.js 安装成功。如下图所示：

```
C:\Users\XMM>node -v
v14.15.0
```

使用脚手架来创建 React 项目的步骤比较简单，官方已经把需要的库进行了封装，可以直接使用。代码如下：

```
npx create-react-app my-reactapp
```

项目创建好后会在当前目录下出现一个名为 my-reactapp 的文件夹，my-reactapp 是自定义的文件夹名称。在命令行窗口中，先使用 cd my-reactapp 命令进入该文件夹，再使用 npm run start 命令运行该项目。项目启动后，如果浏览器运行结果和下图一样，则表示 React 项目创建成功。

下面进行一个测试，在项目 src 目录下的 app.js 中写入如下代码：

```
import React from 'react';
function App() { return (    <h4>采用 create-react-app 脚手架</h4>  );}
export default App;
```

在 index.js 中写入如下代码：

```
import React from 'react';
import ReactDOM from 'react-dom';
import App from './App'
ReactDOM.render( <App />,  document.getElementById ('root'))
```

启动项目，效果如下图所示：

← → C ⓘ localhost:3000

采用create-react-app脚手架

4.3.4 React 如何渲染元素？

在 React 中，构成 React 应用最小的单位是元素，它用来描述需要在屏幕上看到的内容。在进行渲染前先定义好一个元素，然后将其渲染到根 DOM 节点中，即将要渲染的元素一起传入 ReactDOM.render( );，代码如下：

```
const element = <h1>Hello, world</h1>;
ReactDOM.render(element,document.get ElementById('root'));
```

其中，'root'是"根" DOM 节点，即对应 HTML 页面中的容器，该节点所有的内容都由 RreactDOM 管理。React 元素创建后，元素的内容和属性都是不可变的，如果要更新界面，需要创建新的元素，或对已有的元素进行改变。

示例代码如下：

```
function tick() {
    const element = (
        <div>
            <h2>现在是 {new Date().toLocaleTimeString()}.</h2>
        </div>
    );
    ReactDOM.render(element,document.getElementById('root')  );}
```

```
setInterval(tick, 1000);
```

在该示例中，定义了一个名为 tick 的函数，用定时器每隔一秒调用这个函数，当调用 tick 函数时，new Date( )会获取当前的时间，这样元素就发生了变化，改变后的元素会重新渲染到页面上。效果如下图所示：

4.3.5　什么是 React 组件？如何定义一个组件？

React 组件允许将 UI 拆分为独立可以复用的代码片段，并对每个代码片段进行独立构思。通俗来讲，组件就是页面上的一部分内容。每个 React 应用都是由组件构成的，可以把页面中的每个部分都抽离出来，单独形成一个组件， 即右图中的每一个矩形框中的内容都可以是一个组件。例如，可以把标题部分抽离出来，形成标题组件；搜索部分可以形成搜索组件。如果对搜索组件进一步拆分，还可以把搜索组件拆分为 input 组件和 button 组件。当把页面拆分得足够细致，每一个组件就类似于 HTML 中的一个标签，只是这个标签由自己定义的。

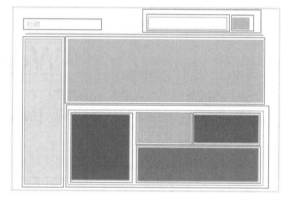

在 React 中，有两种方式来定义组件，一是采用 ES6 语法中的 class 定义组件，二是采用函数的形式定义组件。

1．class 组件

用 class 方式定义组件时，需要先定义一个类，让该类继承 React.Component 类，此时，这个类就是一个 React 组件了。在这个类中，必须定义 render( )方法，该方法返回的内容就是组件在页面上呈现的内容，即需要在浏览器显示的内容都应由该方法返回。为了方便组件之间的相互调用，需要用"export default 组件名称"这种语法格式将组件导出去。下面的一段代码表示一个由 class 定义的组件。

```
import React from 'react';
class Hello extends React.Component{
    render(){
        return(
            <h1>Hello</h1>
        );
    }
}
export default Hello
```

index.js 是项目的入口文件，要把组件渲染到页面上，需要把组件引入 index.js 文件中，然后将要渲染的内容传入 ReactDOM.render( )中。

```
import React from 'react';
import ReactDOM from 'react-dom';
import Hello from './Hello';
ReactDOM.render(<Hello />, document.getElement ById('root'));
```

启动项目，效果如下图所示：

Hello

2．函数组件

编写 JavaScript 函数是最简单的定义组件的方式，例如：

```
function Welcome() {
    return <h1>World</h1>
    ;}
export default Welcome
```

这也是一个有效的 React 组件，需要注意的是，函数组件必须有 return 语句，return 语句返回的内容就是函数组件在页面渲染的内容。和上面例子采用同样的方式，将该函数组件渲染到页面，效果如下图所示：

World

从上面两个例子可以看出，函数组件和 class 组件在页面渲染上没有区别。在开发过程中，可以根据自己的需求，结合两种组件的功能，选取相应的组件定义方式。

3．组合组件

组件可以在其输出中引用其他组件，通过创建多个组件来合成一个组件。例如：

```
function App(props) {
    return (
        <div>
            <Hello />
            <Welcome />
        </div>
    );
}
ReactDOM.render(
    <App />,
    document.getElementById('example1')
)
```

运行效果如下图所示：

Hello
World

4.3.6 如何给 React 组件添加样式？

1. 使用行内样式

和普通 HTML 一样，可以使用 style 属性给组件添加样式。React 规定，行内样式需要写在{{}}中，并且使用驼峰命名。例如：

```
<p style={{color:'#ff0000',fontSize:14}}>我是行内样式</p>
```

运行效果如下图所示：

使用行内样式给组件添加样式时，需要与普通 HTML 标签的内联样式区别，HTML 标签语法如下：

```
<p style="color:#ff0000;font-size:14}}">我是行内样式</p>
```

2. 将样式对象分离

可以将写在行内的样式分离出来，写成一个对象。例如：

```
const pstyle = {color:'#0f0',font-size:12}
class Text extends React.Component{
    render(){
        return(
            <p style={pstyle}>文字颜色为绿色，文字大小为 12px</p>
        );
    }
}export default Text
```

运行效果如下图所示：

或者将该组件中所有样式写在一个大的样式对象中，进行调用。例如：

```
const styles = {
    divstyle:{width:200,height:200,border:'1px solid #000',backgroundColor:
'#ccc'},
    pstyle:{color:'#00f';fount-size:10}
}
class Example extends React.Component{
    render(){
        return(
            <div style={styles.divstyle}>
                <p style={styles.pstyle}>文字颜色为蓝色，字体大小为 10px</p>
            </div>
        );
    }
}
    export default Example
```

运行效果如下图所示：

又或者将所有样式都抽离出来，写成一个单独的样式模块，再在组件中调用该样式模块。例如，在项目中新建一个 style.js 文件，代码如下：

```
export default {
    divstyle:{marginLeft:50,marginTop:50,width:200,height:50,border:'1px
solid #000',backgroundColor:'#ccc'},
    pstyle:{color:'#00f',fontSize:'10px'}
}
```

在组件中引入该样式模块，代码如下：

```
import React from 'react'
import style from './style.js'
class Example extends React.Component{
    render(){
        return(
            class Example extends React.Component{
                render(){
                    return(
                        <div style={style.divstyle}>
                            <p style={style.pstyle}>文字颜色为蓝色,字体大小为10px</p>
                        </div>
                    );
                }
            }
        );
    }
}export default Example
```

运行效果如下图所示：

文字颜色为蓝色，字体大小为10px

3. 创建 CSS 样式表文件

与一般前端项目一样，在 React 中，也可以通过在项目中引入外部样式文件来给组件添加样式。但是，React 项目采用的是虚拟 DOM，每个组件都是单独存放在 JavaScript 文件中。因此，CSS 样式文件的引入方式也略有不同。首先，创建一个样式文件，如本例中的 demo.css。创建好样式文件后，再在组件中通过 import 导入样式表。在引入时要注意路径是否正确。例如：

```
.mydiv{
    width:100px;
    font-size: 10px;
    border:1px solid #000
}
#text{
    color:#ff0;
    font-size: 10px;
}
```

调用样式，例如，在 Example 组件中需要通过 import './demo.css'来引入 css 文件。

```
import React from 'react'
```

```
import './demo.css'
class Example extends React.Component{
    render(){
        return(
            <div className="mydiv">
                <p id="text">我是文字。</p>
            </div>
        );
    }
}export default Example
```

运行效果如下图所示：

在 React 中，也可以先给标签添加选择器，再给组件添加样式。但 class 属性是 JavaScript 的保留字和关键字，在用 class 选择器时，应该用 className 来代替。除以上几种方式外，还有许多其他方式可以引入 CSS 样式，还可以在根 HTML 文档中引入。

4.3.7　state 与 props 有何区别？

1. state

组件化是 React 的核心思想，每个 React 应用都由组件组成，state（状态）是组件中一个重要的概念，也是组件渲染时的数据依据。React 把组件看成一个状态机（State Machines），通过与用户的交互实现不同状态，然后渲染 UI，让 UI 和数据保持一致。在 React 中，只需更新组件的 state，再根据新的 state 重新渲染用户界面即可。

定义一个合适的 state，是正确创建组件的第一步。一个合适的 state 没有任何多余的状态，也不需要通过其他状态计算而来的中间状态，即可以从 state 的变化中反映组件的 UI 任何改变，它能代表一个组件 UI 呈现的最小状态集。

React 中有以下两种初始化 state 的方式：

① 在组件的 constructor 中初始化。

② 直接在 class 中利用属性赋值的方式初始化。

但是 prop 为 state 的初始化赋值会让组件数据来源不唯一，常常会导致出现 bug。因此在大多数情况下都不使用这种方式初始化 state。例如：

```
class LikesButton extends React.Component{
    constructor(props){
        super(props);
        this.state = {likes:0};
        this.handleClick = this.handleClick.bind(this);
    }
    handleClick(){
        this.setState({
            likes: this.state.likes + 1
        })
    }
```

```
        render(){
            return(
                <div>
                    <button className="btn btn-success" type="button" onClick={this.
handleClick}>点赞</button>
                    {this.state.likes}
                </div>
            );
        }
    }
    ReactDOM.render(
        <LikesButton />,
        document.getElementById('example')
    )
```

在上面的 LikesButton 的 constructor( )方法中，初始化 state 的值，通过 this.state( )方法来读取相应的值。state 是每个组件的私有对象，是组件内部的数据，受控于当前组件，可以动态改变。在 React 中不能直接修改 this.state( )，应该调用 setState( )方法来修改。例如，在 handleClick 函数中，通过 this.setState( )的方式来改变 state 的值，代码如下：

```
this.state.comment = 'Hello';//错误 this.setState({comment: 'Hello'});
```

2．props

state 和 props 的主要区别在于 props 是不可变的，而 state 可以根据与用户交互来改变。这就是为什么有些容器组件需要定义 state 来更新和修改数据，而子组件只能通过 props 来传递数据。下面代码演示了如何在组件中使用 props，其中 name 属性通过 props.name 来获取。

```
function Hello(props) {
    return <h1>Hello, {props.name}</h1>;
}
ReactDOM.render(
    <Hello name="Sara" />,
    document.getElementById('example')
)
```

运行效果如下图所示：

Hello, Sara

4.3.8　React 生命周期有哪些？

生命周期是指在对应的框架中一个组件或对象或程序从创建到销毁的过程。React 的生命周期大致可以分为挂载、更新、卸载三个周期。不同的周期对应不同的生命周期函数，如下所述。

1．挂载

（1）componentWillMount

组件将要挂载时触发的函数。每一个组件渲染前被立即调用，既可以在服务端被调用，也可以在浏览器端被调用。

（2）compinentDidMount

组件挂载完成时触发的函数。在第一次渲染后调用，只在客户端被调用。之后组件已经生成了对应的 DOM 结构，可以通过 this.getDOMNode( )来进行访问。

2．更新

（1）shouldComponentUpdate

是否要更新数据时触发的函数，返回一个布尔值。在组件接收到新的 props 或 state 时被调用。在初始化或使用 forceUpdate 时不被调用。

（2）componentWillUpdate

将要更新数据时触发的函数。在组件接收到新的 props 或 state 但还没有渲染时被调用。在初始化时不会被调用。

（3）componentDidUpdate

数据更新完成时触发的函数。在组件完成更新后被立即调用。在初始化时不会被调用。

（4）componentWillReceiveProps

父组件中改变了 props 传值时触发的函数。在组件接收到一个新的 prop 或原有的 prop 更新时被调用。这个方法在初始化渲染时不会被调用。

3．卸载

componentWillUnmount 是组件将要销毁时触发的函数。在组件从 DOM 中移除之前立即被调用。

下面通过示例代码来查看各个方法被调用的顺序。

```
<!DOCTYPE html>
<html lang="en">
    <head>
    <meta charset="UTF-8">
        <meta name="viewport" content="width=device-width, initial-scale=1.0">
        <title>Document</title>
            <link rel="stylesheet" href="https://cdn.jsdelivr.net/npm/bootstrap
@4.5.0/dist/css/bootstrap.min.css"
integrity="sha384-9aIt2nRpC12Uk9gS9baDl411NQApFmC26EwAOH8WgZl5MYYxFfc+NcPb1dKGj7Sk"
crossorigin="anonymous">
            </head>
        <body>
            <div id="example">
            </div>
            <script  src="https://unpkg.com/react@16/umd/react.development.
js"></script>
            <script src="https://unpkg.com/react-dom@16/umd/react-dom. deve
lopment.js"></script>
            <script
src="https://unpkg.com/babel-standalone@6.15.0/babel.min.js"></script>
            <script type="text/babel">
                class Time extends React.Component{
                    constructor(props){
                        super(props)
                    }
                    componentWillReceiveProps(){
                        console.log("componentWillReceiveProps 方法被调用。")
```

```
                }
            render(){
                return(
                    <h2> 我是子组件，当前时间为：${this.props.time}
显示的时间来自父组件 DigitalClock，通过 props 来接收父组件的值</h2>
                )
            }
        }
    class DigitalClock extends React.Component{
        constructor(props){
            super(props);
            this.state = {date:new Date()};
        }
        componentWillMount(){
            console.log('componentWillMount 方法被调用。');
        }
        componentDidMount(){
            this.timer = setInterval(() =>{
                this.setState({
                    date:new Date()
                })
            },1000)
        }
        componentDidUpdate(){
            console.log("componentDidUpdate 方法被调用。");
        }
        componentWillUpdate(){
            console.log("componentWillUpdate 方法被调用。")
        }
        componentWillUnmount(){
            clearInterval(this.timer)
        }
        render(){
            return(
                <div>
                    <h1>{this.state.date.toLocaleTime
String()}</h1>
                    <Time time={this.state.date.toLocaleTime String()}
/>
                </div>
            );
        }
    }
    ReactDOM.render(
    <DigitalClock />,
    document.getElementById('example')    )
```

运行效果如下图所示：

> 下午4:02:58
>
> 我是子组件，当前时间为：下午4:02:58，显示的时间来
> 自父组件DigitalClock，通过props来接收父组件的值

在上面的示例中，定义了 Time 和 DigitalClock 两个组件，其中 Time 组件中的时间是

通过 props 接收来自父组件 DigitalClock 的 time 属性。在 DigitalClock 中，组件挂载完成时，将 state.date 的值更新成当前时间，此时 state 发生了改变，组件的生命周期进入更新阶段，会触发和更新生命周期相关的函数。Time 组件的时间是父组件通过 time 属性传递的，且值为 state 中的 date。this.state.date 发生改变，Time 组件的 props.time 也会发生改变，Time 组件会接收到一个新值，所以会触发 componentWillReceiveProps( )方法。从下图可以看出，componentWillMount( )方法只会在组件第一次将要渲染前触发。和更新相关的方法，在 state 或者 props 发生改变时都会被触发。

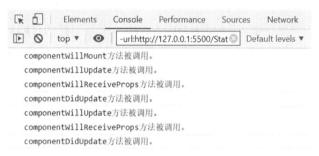

4.3.9　React 元素的事件处理有何不同？

React 元素的事件处理和 DOM 元素的事件处理类似，只是在语法上有一些区别如下。

- React 事件绑定属性的命名规则采用小驼峰式写法。
- 在 React 中，采用 JSX 语法需要传入一个函数作为事件处理函数，而不是一个字符串。例如：

```
<button onclick="handleclick()">单击</button> //DOM 元素
<button onClick={this.handleClick}>单击</button> //React 元素
```

在 JavaScript 中，可以通过返回 false 的方式来阻止默认行为，但在 React 中不能使用这种方式，必须明确调用 preventDefault( )方法。例如，在 HTML 页面中，可以通过 return false 的方式来阻止<a>标签的跳转，但是在 React 中必须调用 preventDefault( )方法才能阻止默认行为。例如：

```
//return false 的方式来阻止默认行为
<a href="https://zh-hans.reactjs.org/"
    onclick="return false">单击跳转</a>//react 通过调用 preventDefault()方法阻止
默认行为
<div id="example"></div>
<script type="text/babel">
    class Link extends React.Component {
        constructor(props){
            super(props);
            this.handleClick = this.handleClick.bind(this);
        }
        handleClick(e) {
            e.preventDefault()
            console.log(this);
        }
```

```
        render() {
            return <a href="https://zh-hans.reactjs.org/" onClick=
                {this.handleClick}>链接</a>;
        }
    }
    ReactDOM.render(
    <Link />,
    document.getElementById("example")
    )
</script>
```

使用 React 时，一般不需要使用 addEventListener 为创建的 DOM 元素添加监听器。当使用 ES6 的 class 语法定义组件时，一般将事件处理函数声明为 class 中的方法。

JSX 回调函数中的 this 问题是，在 React 中，class 的方法默认不会绑定 this。如果没有绑定 this，调用函数时当前 this 值为 undefined。在 React 中，可以通过 bind( )方法来绑定 this，并通过传入 this.函数名的方式作为事件处理函数，如 onClick= {this.handleChange}。例如：

```
this.handleClick = this.handleClick.bind(this);
```

通过 bind( )方法来绑定 this，有时候会显得很烦琐，因为不论当前组件里有多少函数，每一个函数都必须写这样一行代码来绑定 this，代码就显得特别重复。因此，可以通过下面这两种不用 bind( )方法来绑定 this 的方法。

（1）通过属性初始化器绑定

示例代码如下：

```
class LoggingButton extends React.Component{
    //用属性初始化器绑定
    handleClick = () => {
        console.log ('this 的值为：',this);
    }
    render(){
        return (
            <button onClick={this.handleClick}>单击</button>
    );
    }
}
```

（2）在回调函数中使用箭头函数

示例代码如下：

```
class LoggingButton extends React.Component{
    handleClick(){
        console.log('this 的值为:',this);
    }
    render(){
        return (
            <button onClick={() => this.handleClick()}>单击</button>
        );
    }
}
```

使用这个语法存在一个问题，每次组件渲染时都会创建一个不同的回调函数。在大多数情况下，这没有问题。但是如果这个回调函数作为一个属性值传入低阶组件，这些组件可能会进行额外的重新渲染。建议在构造函数中绑定或使用属性初始化器语法来避免出现此类性能问题。

4.3.10　React 条件渲染如何实现？

在 React 中，可以创建不同的组件来封装各种需要的行为。依据应用的不同状态，可以只渲染对应状态下的部分内容。React 中的条件渲染和 JavaScript 中的一致，使用 JavaScript 操作符 if 或条件运算符来创建表示当前状态的元素，然后让 React 根据它们来更新 UI。

条件渲染有如下几种方式。

1. 使用操作符 if

示例代码如下：

```
class UserGreeting extends React.Component {
    render() {
        return <h1>欢迎回来!</h1>;
    }
}
class GuestGreeting extends React.Component {
    render() {
        return <h1>请先注册!</h1>;
    }
}
function Greeting(props) {
    const isLoggedIn = props.isLoggedIn;
    if (isLoggedIn) {
        return <UserGreeting />;
    }
    return <GuestGreeting />;
}
ReactDOM.render(
    <Greeting isLoggedIn={false} />,
    document.getElementById('example')
```

以上定义了三个组件，其中 Greeting 组件是 UserGreeting 和 GuestGreeting 的组合组件，在渲染组件 Greeting 时，是根据 isLoggedIn 的值来决定渲染哪一个子组件。如果 isLoggedIn 的值为 true，则渲染 UserGreeting 组件；反之，渲染 GuestGreeting 组件。

2. 元素变量

使用变量来储存元素，可以有条件地渲染组件的一部分，而输出的其他部分不会更改。
示例代码如下：

```
function LoginButton(props) {
    return <button onClick={props.onClick}>Login</button>;
}
function LogoutButton(props) {
    return <button onClick={props.onClick}>Logout</button>;
}
```

```
class LoginControl extends React.Component {
    constructor(props) {
        super(props);
        this.handleLoginClick = this.handleLoginClick.bind(this);
        this.handleLogoutClick = this.handleLogoutClick.bind(this);
        this.state = { isLoggedIn: false };
    }
    handleLoginClick() {
        this.setState({ isLoggedIn: true });
    }
    handleLogoutClick() {
        this.setState({ isLoggedIn: false });
    }
    //父组件通过属性的形式向子组件传递参数
    //子组件通过 props 接收父组件传递过来的参数
    render() {
        const isLoggedIn = this.state.isLoggedIn;
        let button;
        if (isLoggedIn) {
            button = <LogoutButton onClick={this.handleLogoutClick} />;
        } else {
            button = <LoginButton onClick={this.handleLoginClick} />;
        }
        return (
            <div>
                <Greeting isLoggedIn={true} />
                {button}
            </div>
        );
    }
}
```

上例中在使用操作符 if 的例子上增加了两个按钮组件来改变 isLoggedIn 的值,当 Greeting 组件接收到 isLoggedIn 的值发生改变时,会根据不同的值来显示不同的内部组件。

3. 三目运算符

三目运算符和使用操作符 if 实现条件渲染的逻辑是一样的,都根据值是否满足某个条件来渲染不同的组件。

示例代码如下:

```
render() {
    const isLoggedIn = this.state.isLoggedIn;
    let button;
    return (
        <div>
            {isLoggedIn ? (
                button = <LogoutButton onClick={this.handleLogoutClick} />
            ) : (
                button = <LoginButton onClick={this.handleLoginClick} />
            )}
        </div>
    );}
```

如果 isLoggedIn 的值为 true,则渲染 LogoutButton 组件;反之,渲染 LoginButton 组件。

4．阻止组件渲染

有时希望能隐藏组件，即使它已经被其他组件渲染。可以使用 render 方法直接返回 null，而不进行任何渲染。

示例代码如下：

```
function WarningBanner(props) {
  if (!props.warn) {
    return null;
  } return (
    <div className="warning">
    警告!
    </div>
  );}
```

4.3.11　key 的作用是什么？

在 React 中，key 用来帮助 React 识别哪些元素改变了，如被添加或删除了。一个元素的 key 最好是这个元素在列表中拥有的独一无二的字符串，可以使用数据中的 id 作为元素的 key，当元素没有确定的 id 时，也可以使用元素的索引作为 key。

如果列表项目的顺序可能会变化，不建议使用索引作为 key，因为这样会导致性能变差，还可能引起组件状态的问题。

示例代码如下：

```
function List(props){
    const numbers = props.numbers;
    const listItem = numbers.map((number,index) =>
                        <li key={number.toString()}>{number}</li>
                        //用索引作为元素的 key
                        //
                        <li key={index}>{number}</li>
                        );
                        return(
                        <ul>{listItem}</ul>
                        );
}
const numbers = [1,2,3,4,5];
ReactDOM.render(
    <List numbers={numbers} />,
    document.getElementById('example')
);
```

数组元素中使用的 key 在其兄弟节点之间应该是独一无二的，但不需要它们是全局唯一的。当生成两个不同的列表时，两个列表可以使用相同的 key。

示例代码如下：

```
function IdListItem(props) {
    const first = (
        <ul>
            {props.texts.map((text) =>
                        <li key={text.id}>
                            {text.title}
```

```
                                </li>
                            )}
            </ul>
        );
        const second = props.texts.map((text) =>
                                <div key={text.id}>
                                    <h3>{text.title}</h3>
                                    <p>{text.con}</p>
                                </div>
                            );
                            return (
                            <div>
                                {first}<hr />
                                {second}
                            </div>
                            );}
        const texts = [{ id: 1, title: 'Hello', con: 'Welcome' },
                { id: 2, title: 'Welcome', con: 'Hello' }];
        ReactDOM.render(
            <IdListItem texts={texts} />,
            document.getElementById('example')          );
```

IdListItem 组件中定义了 sidebar 和 content 两个元素，从上述代码中可以看出，虽然两个元素的 key 都是变量 posts 中的 id，但是 IdListItem 组件还能正确渲染，效果如下图所示：

4.3.12 受控组件与非受控组件有何区别？

在 HTML 中，表单元素通过自己维护 state，并根据用户输入进行更新。在 React 中，可变状态通常保存在组件的 state 属性中，并且只能通过 setState( )方法来更新。把这两者结合起来，让用于渲染表单的 React 组件控制用户输入过程中表单发生的操作，被 React 控制取值的表单输入元素称为"受控组件"。

对于受控组件来说，输入的值始终由 React 的 state 驱动。

示例代码如下：

```
class CommentBox extends React.Component{
    constructor(props){
        super(props);
        this.state = {
            value:"
        }
        this.handleChange = this.handleChange.bind(this);
```

```
            this.handleSubmit = this.handleSubmit.bind(this);
        }
        handleChange(e){
            this.setState({
                value:e.target.value
            })
        }
        handleSubmit(e){
            alert(this.state.value);
            e.preventDefault();
        }
        render(){
            return(
                <form className="p-5" onSubmit={this.handleSubmit}>
                    <div className="form-group">
                        <input
                            type="text"
                            className="form-control"
                            placeholder="请输入内容"
                            onChange={this.handleChange}
                            value={this.state.value}/>
                    </div>
                    <button type="submit" className="btn btn-primary">确定</button>
                </form>
            );
        }
    }
    ReactDOM.render(
        <CommentBox />,
        document.getElementById('example')
    )
```

由上述代码可以看到，input 的 value 是由 state 来驱动的，如果不通过 handleChange 函数改变 state 中 value 的值，input 中的值不会发生变化。有时使用受控组件会很麻烦，因为需要为数据变化的每种方式都编写事件处理函数，并通过一个 React 组件传递所有的输入 state。当将之前的代码库转换为 React 或将 React 应用程序与非 React 库集成时，可能会非常烦琐。在这些情况下，可以使用非受控组件，这是实现输入表单的另一种方式。

要编写一个非受控组件，而不是为每个状态更新都编写数据处理函数，可以使用 ref 来从 DOM 节点中获取表单数据。

例如，下面的代码使用非受控组件接收一个表单的值：

```
class CommentBox extends React.Component{
    constructor(props){
        super(props);
        this.handleSubmit = this.handleSubmit.bind(this);
    }
    handleSubmit(e){
        let input = this.refs.textInput.value;
        console.log(input);
        e.preventDefault();
    }
    render(){
        return(
```

```
                <form className="p-5" onSubmit={this.handleSubmit}>
                    <div className="form-group">
                        <input
                            type="text"
                            className="form-control"
                            placeholder="请输入内容"
                            ref="textInput" />
                    </div>
                    <button type="submit" ref="btnref" className="btn btn-primary">
确定</button>
                </form>
            );
        }
    }
```

　　该表单的 input 的 value 不再由 React 的 state 驱动，而是通过 input 添加 ref 属性来获取 input 的 value。因为非受控组件将真实数据存储在 DOM 节点中，所以在使用非受控组件时，反而更容易同时集成 React 和非 React 代码。

　　如果不介意代码美观性，并且希望快速编写代码，使用非受控组件往往可以减少代码量；否则，应使用受控组件。